中共中央办公厅 国务院办公厅
关于全面加强危险化学品安全生产工作的意见

学习读本

编写组 编著

应急管理出版社

·北京·

图书在版编目（CIP）数据

中共中央办公厅国务院办公厅关于全面加强危险化学品安全生产工作的意见学习读本/《中共中央办公厅国务院办公厅关于全面加强危险化学品安全生产工作的意见学习读本》编写组编著. --北京：应急管理出版社，2020
ISBN 978-7-5020-8033-4

Ⅰ.①中… Ⅱ.①中… Ⅲ.①化工产品—危险品—安全生产—生产管理—中国—学习参考资料 Ⅳ.①TQ086.5

中国版本图书馆CIP数据核字（2020）第044300号

中共中央办公厅　国务院办公厅
关于全面加强危险化学品安全生产工作的意见学习读本

编　　著	编写组
责任编辑	尹忠昌　曲光宇
编　　辑	孔　晶
责任校对	邢蕾严
封面设计	卓义云天
出版发行	应急管理出版社（北京市朝阳区芍药居35号　100029）
电　　话	010-84657898（总编室）　010-84657880（读者服务部）
网　　址	www.cciph.com.cn
印　　刷	海森印刷（天津）有限公司
经　　销	全国新华书店
开　　本	710mm×1000mm $^1/_{16}$　印张　$14^1/_2$　字数　114千字
版　　次	2020年4月第1版　2020年4月第1次印刷
社内编号	20200177　　　　　　定价　49.00元

版权所有　违者必究

本书如有缺页、倒页、脱页等质量问题，本社负责调换，电话：010-84657880

前　言

2020年2月，中共中央办公厅、国务院办公厅印发《关于全面加强危险化学品安全生产工作的意见》（以下简称《意见》），这是贯彻落实习近平总书记重要指示和党中央、国务院决策部署的具体化，是有效防范化解危险化学品系统性安全风险的重大举措，充分体现了党中央、国务院对危险化学品安全生产工作的高度重视，对人民群众生命财产安全的极大关怀。

《意见》共六部分、十六条。一是导言和总体要求。阐述全面加强危险化学品安全生产工作的背景、目的、意义，明确指导思想和目标任务。二是强化安全风险管控。从深入开展安全风险排查、推进产业结构调整、严格标准规范3个方面提出要求。三是强化全链条安全管理。从严格安全准入、加强重点环节安全管控、强化废弃危险化学品等危险废物监管3个方面提出要求。四是强化企业主体责任落实。从强化法治措施、加大失信约束力度、强化激励措施3个方面提出要求。五是强化基础支撑保障。从提高科技与信息化水平、加强专业人才培养、规范技术服务协作机制、加强危险化学品救援队伍建设4个方面提出要求。六是强化安全监管能力。从完善监管体制机制、健全执法体系、提升监管效能3个方面提出要求。

为配合《意见》学习宣传贯彻落实,应急管理部危险化学品安全监督管理司组织编写了《意见》学习读本,旨在使各地区、各有关部门和企业广大干部职工准确理解、把握《意见》精神实质和内容要义,全面加强危险化学品安全生产工作,加快推进实现危险化学品安全生产治理体系和治理能力现代化。

《意见》内容丰富、涉及面广、政策性强,因编者认识水平有限,加之时间仓促,本书难免有疏漏不当之处,欢迎读者朋友批评指正。

编 者

2020年3月

目　录

中共中央办公厅　国务院办公厅印发《关于全面加强
　　危险化学品安全生产工作的意见》的通知……………（1）

导言……………………………………………………………（14）

第一章　总体要求……………………………………………（17）

第二章　强化安全风险管控…………………………………（21）
　（一）深入开展安全风险排查………………………（21）
　（二）推进产业结构调整……………………………（25）
　（三）严格标准规范…………………………………（29）

第三章　强化全链条安全管理………………………………（36）
　（四）严格安全准入…………………………………（36）
　（五）加强重点环节安全管控………………………（41）
　（六）强化废弃危险化学品等危险废物监管………（56）

第四章　强化企业主体责任落实……………………………（63）
　（七）强化法治措施…………………………………（63）
　（八）加大失信约束力度……………………………（68）

（九）强化激励措施 …………………………………（73）

第五章 强化基础支撑保障 ……………………………（76）
（十）提高科技与信息化水平 ……………………（76）
（十一）加强专业人才培养 ………………………（83）
（十二）规范技术服务协作机制 …………………（90）
（十三）加强危险化学品救援队伍建设 …………（95）

第六章 强化安全监管能力 ……………………………（102）
（十四）完善监管体制机制 ………………………（102）
（十五）健全执法体系 ……………………………（108）
（十六）提升监管效能 ……………………………（112）

附录一 …………………………………………………（123）
化工园区安全风险排查治理导则（试行）…………（123）

附录二 …………………………………………………（134）
危险化学品企业安全风险隐患排查治理导则 ……（134）

附录三 …………………………………………………（158）
危险化学品企业生产安全事故应急准备指南 ……（158）

附录四 …………………………………………………（168）
国内外重特大与典型事故案例 ……………………（168）

中共中央办公厅 国务院办公厅印发《关于全面加强危险化学品安全生产工作的意见》的通知

各省、自治区、直辖市党委和人民政府,中央和国家机关各部委,解放军各大单位和武警部队、中央军委机关各部门,各人民团体:

《关于全面加强危险化学品安全生产工作的意见》已经中央领导同志同意,现印发给你们,请结合实际认真贯彻落实。

中共中央办公厅
国务院办公厅
2020 年 2 月 20 日

关于全面加强危险化学品安全生产工作的意见

为深刻吸取一些地区发生的重特大事故教训，举一反三，全面加强危险化学品安全生产工作，有力防范化解系统性安全风险，坚决遏制重特大事故发生，有效维护人民群众生命财产安全，现提出如下意见。

一、总体要求

以习近平新时代中国特色社会主义思想为指导，全面贯彻党的十九大和十九届二中、三中、四中全会精神，紧紧围绕统筹推进"五位一体"总体布局和协调推进"四个全面"战略布局，坚持总体国家安全观，按照高质量发展要求，以防控系统性安全风险为重点，完善和落实安全生产责任和管理制度，建立安全隐患排查和安全预防控制体系，加强源头治理、综合治理、精准治理，着力解决基础性、源头性、瓶颈性问题，加快实现危险化学品安全生产治理体系和治理能力现代化，全面提升安全发展水平，推动安全生产形势持续稳定好转，为经济社会发展营造安全稳定环境。

二、强化安全风险管控

（一）深入开展安全风险排查。按照《化工园区安全风险排查治理导则（试行）》和《危险化学品企业安全风险隐患排查治理导则》等相关制度规范，全面开展安全风险排查和隐患治理。严格落实地方党委和政府领导责任，结合实际细化排查标准，对危险化学品企业、化工园区或化工集中区（以下简称化工园区），组织实施精准化安全风险排查评估，分类建立完善安全风险数据库和信息管理系统，区分"红、橙、黄、蓝"四级安全风险，突出一、二级重大危险源和有毒有害、易燃易爆化工企业，按照"一企一策"、"一园一策"原则，实施最严格的治理整顿。制定实施方案，深入组织开展危险化学品安全三年提升行动。

（二）推进产业结构调整。完善和推动落实化工产业转型升级的政策措施。严格落实国家产业结构调整指导目录，及时修订公布淘汰落后安全技术工艺、设备目录，各地区结合实际制定修订并严格落实危险化学品"禁限控"目录，结合深化供给侧结构性改革，依法淘汰不符合安全生产国家标准、行业标准条件的产能，有效防控风险。坚持全国"一盘棋"，严禁已淘汰落后产能异地落户、办厂进园，对违规批建、接收者依法依规追究责任。

（三）严格标准规范。制定化工园区建设标准、认定条件和管理办法。整合化工、石化和化学制药等安全生产标准，解决标准不一致问题，建立健全危险化学品安全生产标准体系。完善化工和涉及危险化学品的工程设计、施工和验收标准。提高化工和涉及危险化学品的生产装置设计、制造和维护标准。加快制定化工过程安全管理导则和精细化工反应安全风险评估标准等技术规范。鼓励先进化工企业对标国际标准和国外先进标准，制定严于国家标准或行业标准的企业标准。

三、强化全链条安全管理

（四）严格安全准入。各地区要坚持有所为、有所不为，确定化工产业发展定位，建立发展改革、工业和信息化、自然资源、生态环境、住房城乡建设和应急管理等部门参与的化工产业发展规划编制协调沟通机制。新建化工园区由省级政府组织开展安全风险评估、论证并完善和落实管控措施。涉及"两重点一重大"（重点监管的危险化工工艺、重点监管的危险化学品和危险化学品重大危险源）的危险化学品建设项目由设区的市级以上政府相关部门联合建立安全风险防控机制。建设内有化工园区的高新技术产业开发区、经济技术开发区或独立设置化工园区，有关部门应依据上下游产业链完备性、人才基础和管理能力等因素，完善落实安全防控措施。完善并严格落实化学品鉴定评估与登记有关规定，科学准确鉴定评估化学品的物理危险性、毒性，严禁未落实风险防控措施就投入生产。

（五）加强重点环节安全管控。对现有化工园区全面开展评估和达标认定。对新开发化工工艺进行安全性审查。2020年年底前实现涉及"两重点一重大"的化工装置或储运设施自动化控制系统装备率、重大危险源在线监测监控率均达到100%。加强全国油气管道发展规划与国土空间、交通运输等其他专项规划衔接。督促企业大力推进油气输送管道完整性管理，加快完善油气输送管道地理信息系统，强化油气输送管道高后果区管控。严格落实油气管道法定检验制度，提升油气管道法定检验覆盖率。加强涉及危险化学品的停车场安全管理，纳入信息化监管平台。强化托运、承运、装卸、车辆运行等危险货物运输全链条安全监管。提高危险化学品储罐等贮存设备设计标准。研究建立常压危险货物储罐强制监测制度。严格特大型公路桥梁、特长公路隧道、饮用水源地危险货物运输车辆通行管控。加强港口、机场、铁路站场等危险货物配套存储场所安全管理。加强相关企业及医院、学校、科研机构等单位危险化学品使用安全管理。

（六）强化废弃危险化学品等危险废物监管。全面开展废弃危险化学品等危险废物（以下简称危险废物）排查，对属性不明的固体废物进行鉴别鉴定，重点整治化工园区、化工企业、危险化学品单位等可能存在的违规堆存、随意倾倒、私自填埋危险废物等问题，确保危险废物贮存、运输、处置安全。加快制定危险废物贮存安全技术标准。建立完善危险废物由产生到处置各环节联单制度。建立部门联动、区域协作、重大案件会商督办制度，形成覆盖危险废物产生、收集、贮存、转移、运输、利用、处置等全过程的监管体系，加大打击故意隐瞒、偷放偷排或违法违规处置危险废物违法犯罪行为力度。加快危险废物综合处置技术装备研发，合理规划布点处置企业，加快处置设施建设，消除处置能力瓶颈。督促企业对重点环保设施和项目组织安全风险评估论证和隐患排查治理。

四、强化企业主体责任落实

（七）强化法治措施。积极研究修改刑法相关条款，严格责任追究。推进制定危险化学品安全和危险货物运输相关法律，修改安全生产法、安全生产许可证条例等，强化法治力度。严格执行执法公示制度、执法全过程记录制度和重大执法决定法制审核制度，细化安全生产行政处罚自由裁量标准，强化精准严格执法。落实职工及家属和社会公众对企业安全生产隐患举报奖励制度，依法严格查处举报案件。

（八）加大失信约束力度。危险化学品生产贮存企业主要负责人（法定代表人）必须认真履责，并作出安全承诺；因未履行安全生产职责受刑事处罚或撤职处分的，依法对其实施职业禁入；企业管理和技术团队必须具备相应的履职能力，做到责任到人、工作到位，对安全隐患排查治理不力、风险防控措施不落实的，依法依规追究相关责任人责任。对存在以隐蔽、欺骗或阻碍等方式逃避、对抗安全生产监管和环境保护监管，违章指挥、违章作业产生重大安全隐患，违规更改工艺流程，破坏监测监控设施，夹带、谎报、瞒报、匿报危险物品等严重危害人民群众生命财产安全的主观故意行为的单位及主要责任人，依法依规将其纳入信用记录，加强失信惩戒，从严监管。

（九）强化激励措施。全面推进危险化学品企业安全生产标准化建设，对一、二级标准化企业扩产扩能、进区入园等，在同等条件下分别给予优先考虑并减少检查频次。对国家鼓励发展的危险化学品项目，在投资总额内进口的自用先进危险品检测检验设备按照现行政策规定免征进口关税。落实安全生产专用设备投资抵免企业所得税优惠。提高危险化学品生产贮存企业安全生产费用提取标准。推动危险化学品企业建立安全生产内审机制和承诺制度，完善风险分级管控和隐患排查治理预防机制，并纳入安全生产标准化等级评审条件。

五、强化基础支撑保障

（十）提高科技与信息化水平。强化危险化学品安全研究支撑，加强危险化学品安全相关国家级科技创新平台建设，开展基础性、前瞻性研究。研究建立危险化学品全生命周期信息监管系统，综合利用电子标签、大数据、人工智能等高新技术，对生产、贮存、运输、使用、经营、废弃处置等各环节进行全过程信息化管理和监控，实现危险化学品来源可循、去向可溯、状态可控，做到企业、监管部门、执法部门及应急救援部门之间互联互通。将安全生产行政处罚信息统一纳入监管执法信息化系统，实现信息共享，取代层层备案。加强化工危险工艺本质安全、大型储罐安全保障、化工园区安全环保一体化风险防控等技术及装备研发。推进化工园区安全生产信息化智能化平台建设，实现对园区内企业、重点场所、重大危险源、基础设施实时风险监控预警。加快建成应急管理部门与辖区内化工园区和危险化学品企业联网的远程监控系统。

（十一）加强专业人才培养。实施安全技能提升行动计划，将化工、危险化学品企业从业人员作为高危行业领域职业技能提升行动的重点群体。危险化学品生产企业主要负责人、分管安全生产负责人必须具有化工类专业大专及以上学历和一定实践经验，专职安全管理人员至少要具备中级及以上化工专业技术职称或化工安全类注册安全工程师资格，新招一线岗位从业人员必须具有化工职业教育背景或普通高中及以上学历并接受危险化学品安全培训，经考核合格后方能上岗。企业通过内部培养或外部聘用形式建立化工专业技术团队。化工重点地区扶持建设一批化工相关职业院校（含技工院校），依托重点化工企业、化工园区或第三方专业机构建立实习实训基地。把化工过程安全管理知识纳入相关高校化工与制药类专业核心课程体系。

（十二）规范技术服务协作机制。加快培育一批专业能力强、社会信誉好的技术服务龙头企业，引入市场机制，为涉及危险化学品企业提供管理和技术服务。建立专家技术服务规范，分级分类开展精准指导帮扶。安全生产责任保险覆盖所有危险化学品企业。对安全评价、检测检验等中介机构和环境评价文件编制单位出具虚假报告和证明的，依法依规吊销其相关资质或资格；构成犯罪的，依法追究刑事责任。

（十三）加强危险化学品救援队伍建设。统筹国家综合性消防救援力量、危险化学品专业救援力量，合理规划布局建设立足化工园区、辐射周边、覆盖主要贮存区域的危险化学品应急救援基地。强化长江干线危险化学品应急处置能力建设。加强应急救援装备配备，健全应急救援预案，开展实训演练，提高区域协同救援能力。推进实施危险化学品事故应急指南，指导企业提高应急处置能力。

六、强化安全监管能力

（十四）完善监管体制机制。将涉恐涉爆涉毒危险化学品重大风险纳入国家安全管控范围，健全监管制度，加强重点监督。进一步调整完善危险化学品安全生产监督管理体制。按照"管行业必须管安全、管业务必须管安全、管生产经营必须管安全"和"谁主管谁负责"原则，严格落实相关部门危险化学品各环节安全监管责任，实施全主体、全品种、全链条安全监管。应急管理部门负责危险化学品安全生产监管工作和危险化学品安全监管综合工作；按照《危险化学品安全管理条例》规定，应急管理、交通运输、公安、铁路、民航、生态环境等部门分别承担危险化学品生产、贮存、使用、经营、运输、处置等环节相关安全监管责任；在相关安全监管职责未明确部门的情况下，应急管理部门承担危险化学品安全综合监督管理兜底责任。生态环境部门依法对危险废物的收集、贮存、处置等进行监督管理。应急管理部门和生态环境部门以及其他有关部门建立监管协作和联合执法工作机制，密切协调配合，实现信息及时、充分、有效共享，形成工作合力，共同做好危险化学品安全监管各项工作。完善国务院安全生产委员会工作机制，及时研究解决危险化学品安全突出问题，加强对相关单位履职情况的监督检查和考核通报。

（十五）健全执法体系。建立健全省、市、县三级安全生产执法体系。省级应急管理部门原则上不设执法队伍，由内设机构承担安全生产监管执法责任，市、县级应急管理部门一般实行"局队合一"体制。危险化学品重点县（市、区、旗）、危险化学品贮存量大的港区，以及各类开发区特别是内设化工园区的开发区，应强化危险化学品安全生产监管职责，落实落细监管执法责任，配齐配强专业执法力量。具体由地方党委和政府研究确定，按程序审批。

（十六）提升监管效能。严把危险化学品监管执法人员进人关，进一步明确资格标准，严格考试考核，突出专业素质，择优录用；可通过公务员聘任制方式选聘专业人才，到2022年年底具有安全生产相关专业学历和实践经验的执法人员数量不低于在职人员的75%。完善监管执法人员培训制度，入职培训不少于3个月，每年参加为期不少于2周的复训。实行危险化学品重点县（市、区、旗）监管执法人员到国有大型化工企业进行岗位实训。深化"放管服"改革，加强和规范事中事后监管，在对涉及危险化学品企业进行全覆盖监管基础上，实施分级分类动态严格监管，运用"两随机一公开"进行重点抽查、突击检查。严厉打击非法建设生产经营行为。省、市、县级应急管理部门对同一企业确定一个执法主体，避免多层多头重复执法。加强执法监督，既严格执法，又避免简单化、"一刀切"。大力推行"互联网+监管"、"执法+专家"模式，及时发现风险隐患，及早预警防范。各地区根据工作需要，面向社会招聘执法辅助人员并健全相关管理制度。

各地区各有关部门要加强组织领导，认真落实党政同责、一岗双责、齐抓共管、失职追责安全生产责任制，整合一切条件、尽最大努力，加快推进危险化学品安全生产各项工作措施落地见效，重要情况及时向党中央、国务院报告。

导 言

导言部分阐述了制定出台《意见》的背景、目的和意义。

【原文】 >>>>>>

为深刻吸取一些地区发生的重特大事故教训,举一反三,全面加强危险化学品安全生产工作,有力防范化解系统性安全风险,坚决遏制重特大事故发生,有效维护人民群众生命财产安全,现提出如下意见。

【导读】 >>>>>>

江苏响水"3·21"特别重大爆炸事故造成重大人员伤亡和经济损失。党中央、国务院高度重视,习近平总书记多次作出重要指示,强调各地和有关部门要深刻吸取教训,加强安全隐患排查,严格落实生产经营单位安全生产责任制,坚决防范重特大事故发生,特别指出安全生产工作在抓落实上仍有很大差距,一定要举一反三、亡羊补牢。李克强总理主持召开国务院常务会议作出部署，强调加强危险化学品安全工作。刘鹤副总理，王勇、赵克志国务委员也作出批示，提出明确要求。

为认真贯彻落实党中央、国务院领导同志重要指示批示精神，推动加强危险化学品安全生产工作，经全面梳理、深入分析近年来发生的涉及危险化学品重特大事故教训发现，主要是安全与发展不平衡不充分的矛盾问题十分突出。2010年始，我国化工产值跃居世界第一位，约占世界总量的40%。据统计，2019年全国石油和化工行业营业收入达12.27万亿元，约占全国GDP的12.4%，危险化学品生产经营单位达21万余家。作为世界第一化工大国，化工行业在我国国民经济和社会发展中具有重要地位，但以中低端、高风险生产为主，整体安全条件差、安全基础薄弱、本质安全水平不高、专业人才培养滞后、管理水平低、重大安全风险隐患得不到有效治理，在危险化学品生产、贮存、运输、使用、经营、废弃处置等环节已经形成了系统性安全风险，导致重特大事故时有发生，严重损害人民群众生命财产安全，严重影响经济高质量发展和社会稳定。对此，坚持问题导向、目标导向和结果导向，站在国家危险化学品安全生产治理体系和治理能力现代化的高度，深入开展调查研究，广泛听取基层和化工、安全、环保等专家意见，制定出台《意见》，着力解决危险化学品安全生产基础性、源头性、瓶颈性问题，全面提升安全发展水平，推动安全生产形势持续稳定好转，为经济社会发展营造安全稳定环境。

第一章　总体要求

本章明确了全面加强危险化学品安全生产工作的总体要求。

【原文】 >>>>>>

以习近平新时代中国特色社会主义思想为指导，全面贯彻党的十九大和十九届二中、三中、四中全会精神，紧紧围绕统筹推进"五位一体"总体布局和协调推进"四个全面"战略布局，坚持总体国家安全观，按照高质量发展要求，以防控系统性安全风险为重点，完善和落实安全生产责任和管理制度，建立安全隐患排查和安全预防控制体系，加强源头治理、综合治理、精准治理，着力解决基础性、源头性、瓶颈性问题，加快实现危险化学品安全生产治理体系和治理能力现代化，全面提升安全发展水平，推动安全生产形势持续稳定好转，为经济社会发展营造安全稳定环境。

【导读】>>>>>>

总体要求部分重点阐述了4个方面要点。

1. 明确全面加强危险化学品安全生产工作的思想指南。习近平新时代中国特色社会主义思想是21世纪马克思主义、当代中国马克思主义,是全党全国人民为实现中华民族伟大复兴而奋斗的行动指南,为党和国家各项事业发展提供了根本遵循。以习近平同志为核心的党中央把安全生产作为统筹推进"五位一体"总体布局和协调推进"四个全面"战略布局的重要内容和民生大事,摆到前所未有的突出位置,加以部署和推动。危险化学品安全作为安全生产工作的重中之重,是总体国家安全观的应有之义,也是推进高质量发展的必然要求。必须以习近平新时代中国特色社会主义思想为指导,全面贯彻党的十九大和十九届二中、三中、四中全会精神,紧紧围绕统筹推进"五位一体"总体布局和协调推进"四个全面"战略布局,坚持总体国家安全观,按照高质量发展要求,综合施策,全面加强。

2. 强调以防控系统性安全风险为重点。习近平总书记强调,要坚持底线思维,增强忧患意识,提高防控能力,着力防范化解重大风险。分清主次、善抓重点是马克思主义的基本原理和工作方法。近年来,危险化学品各环节发生的一些重特大事故暴露出已形成系统性风险，这是制约当前危险化学品安全工作的主要矛盾和关键问题。必须紧紧抓住这个关系危险化学品安全全局的问题，采取有力措施加以解决，做到纲举目张，全面提升危险化学品安全生产工作水平。

3. 提出全面加强危险化学品安全生产工作的系统性策略。防控系统性安全风险须用系统性策略。党的十九届四中全会通过的《中共中央关于坚持和完善中国特色社会主义制度　推进国家治理体系和治理能力现代化若干重大问题的决定》明确提出，完善和落实安全生产责任和管理制度，建立公共安全隐患排查和安全预防控制体系。危险化学品安全生产环节多、链条长，涉及面广、影响因素复杂，必须完善和落实安全生产责任和管理制度，建立安全隐患排查和安全预防控制体系，聚焦源头性、基础性、瓶颈性问题，强化源头治理、综合治理、精准治理。

4. 明确全面加强危险化学品安全生产工作的总体目标。党的十八届三中全会首次提出"推进国家治理体系和治理能力现代化"这个重大命题。党的十九届四中全会对推进国家治理体系和治理能力现代化作出具体部署安排，并提出到我们党成立一百年时，在各方面制度更加成熟更加定型上取得明显成效；到 2035 年，各方面制度更加完善，基本实现国家治理体系和治理能力现代化；到新中国成立一百年时，全面实现国家治理体系和治理能力现代化。2019 年 11 月 29 日，习近平总书记在中央政治局第十九次集体学习时强调，充分发挥我国应急管理体系特色和优势，积极推进我国应急管理体系和能力现代化。按照党中央部署安排，《意见》提出全面加强危险化学品安全生产工作的总体目标，是加快实现危险化学品安全生产治理体系和治理能力现代化，全面提升安全发展水平，推动安全生产形势持续稳定好转，为经济社会发展营造安全稳定环境。

第二章　强化安全风险管控

本章从深入开展安全风险排查、推进产业结构调整、严格标准规范3个方面，对强化危险化学品安全风险管控提出措施要求。

（一）深入开展安全风险排查

【原文】 >>>>>>

按照《化工园区安全风险排查治理导则（试行）》和《危险化学品企业安全风险隐患排查治理导则》等相关制度规范，全面开展安全风险排查和隐患治理。严格落实地方党委和政府领导责任，结合实际细化排查标准，对危险化学品企业、化工园区或化工集中区（以下简称化工园区），组织实施精准化安全风险排查评估，分类建立完善安全风险数据库和信息管理系统，区分"红、橙、黄、蓝"四级安全风险，突出一、二级重大危险源和有毒有害、易燃易爆化工企业，按照"一企一策"、"一园一策"原则，实施最严格的治理整顿。制定实施方案,深入组织开展危险化学品安全三年提升行动。

【导读】 >>>>>>

近年来,我国化工行业发展势头迅猛,截至 2019 年底,全国共有化工园区 800 多个、化工企业 9.6 万家(其中危险化学品生产企业 1.38 万家),另有危险化学品经营企业约 20.18 万家。但与此同时,危险化学品生产安全事故多发频发,暴露出一些地区化工园区和危险化学品企业整体安全条件差、管理水平低、风险排查管控不力、隐患治理不全面不深入等突出问题。2019 年,国务院安委办组织对 53 个危险化学品重点县进行专家指导服务,按照涉及"两重点一重大"、消除重大风险的原则,第一轮指导 209 家企业,查出隐患 13054 项,平均每家企业隐患数量为 62.5 项,其中重大隐患 477 项,占 3.7%。依据检查结果对安全生产情况赋分,209 家企业平均得分仅为 56.5 分。对此,本条提出全面开展安全风险排查、强化治理整顿、开展三年提升行动等对策措施。

1. 强调按两个导则等制度规范全面开展安全风险排查。2019 年 8 月,应急管理部印发《化工园区安全风险排查治理导则(试行)》和《危险化学品企业安全风险隐患排查治理导则》。针对一些事故暴露出的部分化工园区和危险化学品企业安全风险管控缺失、隐患排查治理不到位，以及危险化学品安全风险外溢造成事故发生和扩大等突出问题，提出了一系列规定措施。两个导则弥补了我国化工园区安全风险排查治理指导文件的空白，完善了危险化学品企业安全风险隐患排查治理规定，具有较强的科学性、系统性和可操作性，对指导各地和有关企业全面深入排查安全风险、提高化工园区和危险化学品企业安全管理水平具有重要指导意义。各地区各有关部门要按照两个导则和近几年国家层面出台的其他有关危险化学品安全制度规范，全面深入开展化工园区和危险化学品企业安全风险排查和隐患治理。

2. 强调落实地方党委和政府领导责任，细化实化治理整顿措施。《中共中央 国务院关于推进安全生产领域改革发展的意见》（以下简称《改革发展意见》）明确要求，地方各级党委和政府要始终把安全生产摆在重要位置，加强组织领导。党政主要负责人是本地区安全生产第一责任人，班子其他成员对分管范围内的安全生产工作负领导责任。中共中央办公厅、国务院办公厅印发的《地方党政领导干部安全生产责任制规定》要求，地方各级党政领导干部切实承担起"促一方发展、保一方平安"的政治责任。危险化学品安全生产是整个安全生产工作的重要组成部分。地方党委和政府要严格落实属地管理责任，对涉及危险化学品安全的各个环节，明确相关部门的监管责任，并要求各有关部门要主动担责履职；要结合实际细化排查标准，对危险化学品企业和化工园区，组织实施精准化安全风险排查评估，分类建立完善安全风险数据库和信息管理系统，区分"红、橙、黄、蓝"四级安全风险，突出一、二级重大危险源和有毒有害、易燃易爆化工企业，按照"一企一策"、"一园一策"原则，实施最严格的治理整顿。

3. 明确开展三年提升行动。2016年，国务院办公厅印发的《危险化学品安全综合治理方案》（国办发〔2016〕88号），深刻吸取天津港"8·12"特别重大火灾爆炸事故教训，部署在全国范围内组织开展为期三年的危险化学品安全综合治理，取得了一定进展和成效，但还需进一步巩固深化。按照国务院领导部署安排，为进一步加强危险化学品安全生产工作，《意见》明确要制定实施方案，深入组织开展危险化学品安全生产三年提升行动，系统开展提升危险化学品重大安全风险管控能力、提升危险化学品企业本质安全水平、提升化工行业从业人员专业素质能力、强化安全生产主体责任落实、强化安全监管能力建设等一系列工作。

（二）推进产业结构调整

【原文】 >>>>>>

完善和推动落实化工产业转型升级的政策措施。严格落实国家产业结构调整指导目录，及时修订公布淘汰落后安全技术工艺、设备目录，各地区结合实际制定修订并严格落实危险化学品"禁限控"目录，结合深化供给侧结构性改革，依法淘汰不符合安全生产国家标准、行业标准条件的产能，有效防控风险。坚持全国"一盘棋"，严禁已淘汰落后产能异地落户、办厂进园，对违规批建、接收者依法依规追究责任。

【导读】 >>>>>>

我国化工产业不断发展壮大，但产业结构不合理，中小化工企业占总数的80%以上。大部分中小企业安全保障能力比较差，生产工艺技术落后，装备设施陈旧，重大安全风险隐患集中，是事故易发多发的重灾区。如四川宜宾"7·12"重大爆炸着火事故，涉事企业恒达科技有限公司原为泸州一家予以关闭退出的企业，属地政府及工业园区管委会安全红线意识不强，盲目招商引资，事故企业未批先建，违法建设，非法生产，随意改变工艺设计，安全管理混乱，从业人员专业素质能力差，导致发生重大事故。对此，本条从完善化工产业转型升级政策措施、依法淘汰落后产能、严禁已淘汰落后产能异地搬迁等方面提出要求。

1. 完善和推动落实化工产业转型升级的政策措施。习近平总书记强调，推动经济高质量发展，要把重点放在推动产业结构转型升级上。《改革发展意见》明确要求要紧密结合供给侧结构性改革，推动高危产业转型升级。我国化工产业与国际先进水平相比，存在结构不优、整体水平不高、产业工人短缺、国际竞争力不强等突出问题，这也是影响危险化学品安全生产工作的深层次矛盾。从国外的主要经验做法看，推动化工产业转型升级，主要是通过提高标准，倒逼行业逐步向清洁型、高技术含量转变；高度重视法律手段，通过制定严格的法律法规，促进化工产业健康发展；重视发挥行业协会和民间机构的作用；以公开透明的沟通机制消除公众顾虑。目前，工业和信息化部和有关地区制定出台了一些化工产业转型升级的相关政策性文件，对促进化工企业提升安全发展、绿色发展和集聚发展水平发挥了一定作用，但还不完善，一些地区在抓落实上还存在不到位问题。对此，《意见》提出完善和落实化工产业转型升级的政策措施。

2. 提出依法淘汰落后产能。以习近平同志为核心的党中央科学认识发展大势、深刻把握发展规律，对推进供给侧结构性改革、主动引领经济发展新常态作出重大战略部署。《危险化学品安全综合治理方案》提出，严格安全准入，鼓励各地区根据实际制定本地区危险化学品"禁限控"目录。《危险化学品安全生产"十三五"规划》（安监总管三〔2017〕102号）指出，供给侧结构性改革的经济发展方式和日新月异的科技进步，必将推进产业结构调整，加快淘汰危险化学品落后的工艺、技术、装备和过剩产能，提升产业工人的能力素质，降低安全风险，提高企业本质安全水平。2019年8月，国家发展改革委修订发布了《产业结构调整指导目录（2019年本）》（国家发展和改革委员会令第29号），明确了限制石化化工工艺、生产装置13条，淘汰落后生产工艺装备10条、落后产品7条，为推进化工产业结构调整提供了遵循。应急管理部不定期制定发布《淘汰落后安全技术工艺、设备目录》，明确了涉及危险化学品领域禁止使用的工艺和设备。2012年，上海市就以政府办文件公布了第一批《上海市禁止、限制和控制危险化学品目录》，此后又进一步完善发布了第二、第三批"禁限控"目录。各地区应结合实际制修订并严格落实危险化学品"禁限控"目录，从源头上管控和降低城市安全风险。对此，《意见》提出严格落实国家产业结构调整指导目录，及时修订公布淘汰落后安全技术工艺、设备目录，各地区结合实际制定修订并严格落实危险化学品"禁限控"目录，结合深化供给侧结构性改革，依法淘汰不符合安全生产国家标准、行业标准条件的产能。

3. 强调坚持全国"一盘棋"，严禁已淘汰落后产能异地搬迁建厂。随着一些发达地区对安全和环保要求的提高，化工产业"双转移"速度加快，化工产业从东部地区向中西部地区转移、从东部地区发达城市向东部地区不发达城市转移速度加快。有的地区安全"红线"意识不强，片面追求发展速度，在不具备条件与能力的情况下，盲目发展，承接落后、不安全的化工产能，使安全风险处于高位，事故易发多发。江苏响水"3·21"特别重大爆炸事故暴露出，事故责任企业天嘉宜公司就是因为原所在地环保要求提高，从苏南转移到苏北。再如江苏等地区被淘汰或退出企业组团到中西部省份投资，当地政府认为是发展机会，这样就会导致淘汰的落后工艺有可能在这些地区重新出现。对此,《意见》强调要坚持全国"一盘棋",严禁已淘汰落后产能异地落户、办厂进园,对违规批建、接收者依法依规追究责任。

(三)严格标准规范

【原文】>>>>>>

制定化工园区建设标准、认定条件和管理办法。整合化工、石化和化学制药等安全生产标准,解决标准不一致问题,建立健全危险化学品安全生产标准体系。完善化工和涉及危险化学品的工程设计、施工和验收标准。提高化工和涉及危险化学品的生产装置设计、制造和维护标准。加快制定化工过程安全管理导则和精细化工反应安全风险评估标准等技术规范。鼓励先进化工企业对标国际标准和国外先进标准,制定严于国家标准或行业标准的企业标准。

【导读】>>>>>>

"没有规矩,不成方圆"。标准规范作为法律法规的延伸与具体化,是危险化学品企业安全生产的遵循和政府安全监管的依据,也是强化安全风险管控的重要措施。同时,运用标准规范指导企业生产经营行为也是国际通行惯例。化工生产过程环节多、物料种类繁杂、设备工艺复杂，且危险化学品具有易燃易爆、有毒有害等危险特性，固有安全风险高，必须以行之有效的安全生产标准规范为依据。目前，我国危险化学品安全生产标准体系不健全、相关安全标准不一致、化工园区建设标准存在空白、一些标准亟待制定等问题突出。对此，本条从制定化工园区建设标准、健全危险化学品安全生产标准体系、完善化工和涉及危险化学品的工程设计、施工和验收标准等方面提出要求。

1. 制定化工园区建设标准、认定条件和管理办法。近年来，有的地区片面追求经济发展速度，在不具备安全管理条件和能力的情况下，盲目设立化工园区，导致"小散乱"问题突出。有的地区对化工园区缺乏科学规划和合理布局，项目准入把关不严，园区内企业管理水平参差不齐，园区不仅没起到隔离风险的作用，反而使风险聚集叠加，发生事故后极易导致"多米诺骨牌效应"，造成更大的生命财产损失。还有的化工园区甚至未划定具体范围，危险化学品生产、储存活动处在无序状态，部分企业盲目选址进行基础设施建设，导致安全风险和隐患交织叠加。

2016年出台的《石化和化学工业发展规划（2016—2020年）》（工信部规〔2016〕318号）明确要求，

建立化工园区规范建设评价标准体系，开展现有化工园区的清理整顿，对不符合规范要求的化工园区实施改造提升或依法退出。有的地区作了有益尝试，如山东制定出台了《化工园区认定管理办法》，明确了化工园区认定标准包括总体规划、连片面积、安全评价等13个条件，以及化工园区的认定程序等。对此，《意见》针对化工园区发展存在的问题，同时借鉴基层有益经验，提出制定化工园区建设标准、认定条件和管理办法，为严把化工园区准入关、规范化工园区发展提供依据。

2. 建立健全危险化学品安全生产标准体系。目前，我国危险化学品安全生产相关标准繁杂，散落于化工、石化和化学制药等行业领域，没有形成规范的体系。同时，涉及危险化学品安全相关标准存在规定不一致、相互冲突等问题，既给企业造成执行上的困扰，也给监管部门执法带来困难。为此，《意见》提出整合化工、石化和化学制药等安全生产标准，解决标准不一致的问题，建立健全危险化学品安全生产标准体系。该体系应涵盖涉及危险化学品全流程、全生命周期。在规划建设方面，重点制定完善危险化学品建设项目安全设计标准、安全评价标准、竣工验收标准和危险化学品集中区域风险评估标准；在生产、储存、使用、经营安全方面,重点完善相应的监测监控、通风调温、防火灭火、防爆、泄压防毒、防雷防腐、防静电、防泄漏及防护围堤或者隔离操作等设施设备的安全标准;在运输安全方面,完善危险化学品包装安全、装卸、运输过程防护、运输车辆、限行区域、港区码头、航道、物流托运等安全标准;在危险废物处置方面,制定完善危险废物综合处置设施安全技术标准等,加快形成覆盖范围广、层级分明、重点突出的危险化学品安全生产标准体系。

3. 完善化工和涉及危险化学品的工程设计和生产装置类标准。化工工程设计、施工和验收标准,生产装置设计、制造和维护标准,是危险化学品建设项目和生产装置安全运行的重要保障。当前化工工程设计施工和生产装置设计制造等标准大部分比较陈旧,有的甚至是 20 世纪的标准,多年未修订,已不能适应要求。同时,随着化工产业快速发展和科技进步,新的生产装置和工艺不断产生,但相关安全标准还处于空白。对此,《意见》提出完善化工和涉及危险化学品的工程设计、施工和验收标准;提高化工和涉及危险化学品的生产装置设计、制造和维护标准,进一步提升化工行业本质安全水平。

4. 加快制定危险化学品安全技术标准规范。危险化学品生产过程伴随易燃易爆、有毒有害等物料和产品，涉及工艺、设备、仪表、电气等多个专业。制定实施相关安全技术标准，是有效防范化解危险化学品安全风险的重要措施。为此，《意见》提出加快制定以下标准。

一是化工过程安全管理导则。这既是及时消除安全隐患、预防事故、构建安全生产长效机制的重要基础性工作，也是国际先进的事故预防和控制方法。1982年欧洲颁布了塞韦索指令Ⅰ（SevesoⅠ），是针对危险物质重大事故的预防和控制，在吸取众多重大化工生产安全事故教训之后逐渐完善起来的指令。此后，欧洲吸取博帕尔事故教训，把塞韦索指令修订为塞韦索指令Ⅱ（SevesoⅡ），强调对重大危害控制和建立过程安全管理系统的必要性。1985年，美国化学工程师协会成立了化工过程安全中心，并组织杜邦等化工公司编写出版了《过程安全管理实施指南》和《基于风险的过程安全》。1992年，美国职业健康管理局颁布《高度危险化学品过程安全管理》，要求相关化工企业应建立过程安全管理体系。2013年，国家安全监管总局印发《关于加强化工过程安全管理的指导意见》（安监总管三〔2013〕88号），对加强化工过程安全管理提出了要求。我国近年发生的一些事故与化工过程安全管理要素没有执行到位密切相关，如中石化上海赛科公司"5·12"闪爆事故涉及承包商管理和作业安全管理；四川宜宾"7·12"重大爆炸着火事故涉及安全生产信息管理问题；河北张家口"11·28"重大爆燃事故涉及装置运行管理、设备完好性和变更管理问题。为此，在汲取国外危险化学品安全管理经验基础上，结合我国化工过程安全管理的实践，《意见》提出加快制定化工过程安全管理导则。

二是精细化工反应安全风险评估标准等技术规范。当前精细化工生产多以间歇和半间歇操作为主，生产工序多，工艺复杂多变，自动化控制水平低，现场操作人员多，所使用的物料大多具有易燃、易爆和强腐蚀性的特点，反应涉及的中间产物、过渡态物质分子结构复杂、反应活性强、固有能量高，部分企业对反应安全风险认识不足，对工艺控制要点不掌握或认识不到位，容易因反应失控导致火灾、爆炸、中毒事故，造成群死群伤，特别是精细化工生产过程中反应失控是造成事故发生的重要原因。如浙江华邦医药化工公司"1·3"较大爆燃事故，当班工人擅自加大蒸汽量且违规使用蒸汽旁路通道，超过反应产物分解温度，使产物急剧分解放热，釜内压力、温度迅速上升，最终导致反应釜超压爆炸。开展精细化工反应安全风险评估、确定风险等级并采取有效管控措施，对于保障安全生产意义重大。2017年，国家安全监管总局印发《关于加强精细化工反应安全风险评估工作的指导意见》（安监总管三〔2017〕1号），明确了需要进行化工反应安全风险评估的范围。为此，《意见》提出加快制定精细化工反应安全风险评估标准等技术规范。

5. 鼓励先进化工企业对标国际标准和国外先进标准。先进化工企业制定的标准对行业发展具有示范引领作用。《标准化法》规定，企业可以根据需要自行制定企业标准，或者与其他企业联合制定企业标准；推荐性国家标准、行业标准、地方标准、团体标准、企业标准的技术要求不得低于强制性国家标准的相关技术要求。国家标准和行业标准往往制修订工作周期长、程序复杂，且强制性国家标准只是最低要求。同时，有的国际标准和国外标准比较先进，值得参考借鉴。为此，《意见》提出鼓励先进化工企业对标国际标准和国外先进标准，制定严于国家标准或行业标准的企业标准，旨在推动先进企业进一步提升安全生产水平，发挥辐射带动作用，提升整体危险化学品安全生产工作水平。

第三章　强化全链条安全管理

本章从严格安全准入、加强重点环节安全管控、强化废弃危险化学品等危险废物监管3个方面，对强化全链条安全管理提出措施要求。

（四）严格安全准入

【原文】>>>>>>

各地区要坚持有所为、有所不为，确定化工产业发展定位，建立发展改革、工业和信息化、自然资源、生态环境、住房城乡建设和应急管理等部门参与的化工产业发展规划编制协调沟通机制。新建化工园区由省级政府组织开展安全风险评估、论证并完善和落实管控措施。涉及"两重点一重大"（重点监管的危险化工工艺、重点监管的危险化学品和危险化学品重大危险源）的危险化学品建设项目由设区的市级以上政府相关部门联合建立安全风险防控机制。建设内有化工园区的高新技术产业开发区、经济技术开发区或独立设置化工园区，有关部门应依据上下游产业链完备性、人才基础和管理能力等因素，完善落实安全防控措施。完善并严格落实化学品鉴定评估与登记有关规定，科学准确鉴定评估化学品的物理危险性、毒性，严禁未落实风险防控措施就投入生产。

【导读】 >>>>>>

习近平总书记强调，要坚持安全生产高标准、严要求，招商引资、上项目要严把安全生产关。近年来，一些地区发生的危险化学品生产安全事故暴露出，化工园区和危险化学品建设项目存在把关不严、安全风险分析评估和管控措施不力等问题。对此，《意见》从建立化工产业发展规划编制协调沟通机制、加强对新建化工园区和危险化学品建设项目风险评估论证、完善鉴定评估与登记制度等方面提出措施要求。

1. 建立相关部门参与的化工产业发展规划编制协调沟通机制。有的地区对本地区化工产业发展定位不清晰，缺乏规划引领，招商引资注重经济利益，忽视安全风险，导致化工产业无序发展、生产安全事故频发。对此，《意见》明确要求各地区要坚持有所为、有所不为，确定化工产业发展定位，建立发展改革、工业和信息化、自然资源、生态环境、住房城乡建设和应急管理等部门参与的化工产业发展规划编制协调沟通机制。

2. 明确新建化工园区由省级政府组织开展安全风险评估论证。近些年，我国化工园区发展迅速，有的地区为发展经济，对新建化工园区把关不严，层层下放，甚至县、乡级政府就能够批准建设，缺乏风险评估管控，导致安全风险从建园之初便一直存在，随着运营时间增加，风险不断集聚，一旦失控，极易导致重特大事故。对此，《意见》提出新建化工园区由省级政府组织开展安全风险评估、论证并完善和落实管控措施。省级政府应组织相关部门和单位，按照当地化工发展规划，结合新建化工园区总体布局、选址和周边安全距离，对现有和潜在的风险，进行定性定量评估论证。对没有能力防控的风险，要实施"一票否决"；对可接受的风险，从人员、装备、技术、管理等方面做好防控措施和应急预案等。

3. 明确涉及"两重点一重大"的危险化学品建设项目由设区的市级以上政府相关部门联合建立安全风险防控机制。涉及"两重点一重大"的危险化学品建设项目，具有危险性大、静态能量高的特点，尤其是硝化、氯化、聚合工艺和液化烃、液氯、液氨等危险化学品储存设施，工艺失控或物料泄漏极易发生重特大燃爆和中毒事故，必须严格把关。2016年国务院办公厅印发的《危险化学品安全综合治理方案》要求，在危险化学品建设项目立项阶段，对涉及"两重点一重大"的危险化学品建设项目，实施住房城乡建设、发展改革、国土资源、工业和信息化、公安消防、环境保护、海洋、卫生、安全监管、交通运输等相关部门联合审批。2012年，国家安全监管总局发布《危险化学品建设项目安全监督管理办法》（国家安全监管总局令第45号）明确不得将涉及"两重点一重大"的危险化学品建设项目安全审查工作下放至县级人民政府安全生产监督管理部门。为加大源头安全风险管控力度，《意见》提出涉及"两重点一重大"的危险化学品建设项目由设区的市级以上政府相关部门联合建立安全风险防控机制。

4. 根据上下游产业链完备性、人才基础和管理能力等因素，完善落实化工园区安全防控措施。上下游产业链完备性、人才基础和管理能力反映出园区安全风险管控能力。上下游产业链完备的园区，企业的产品是其他企业的原料，物料只经过短途运输或车间之间运输，可以有效降低运输和储存危险化学品的风险。目前，一些地区的高新技术产业开发区、经济技术开发区为追求经济利益，内部建有化工园区，但不具备专业人才和管理能力，上下游产业链没有衔接，既不经济，也带来安全风险。对此，《意见》明确建设内有化工园区的高新技术产业开发区、经济技术开发区或独立设置化工园区，有关部门应依据上下游产业链完备性、人才基础和管理能力等因素，完善落实安全防控措施。

5. 强调完善落实化学品鉴定评估与登记制度。科学准确鉴定评估化学品的危险性是防控安全风险的前提。做好危险化学品登记是加强安全管理、强化安全监管、防范事故的基础工作，也是落实《作业场所安全使用化学品公约》（第170号国际公约）的重要举措。2013年，国家安全监管总局印发《化学品物理危险性鉴定与分类管理办法》（国家安全监管总局令第60号），对规范化学品物理危险性鉴定与分类工作作出明确规定。2015年，国家卫生计生委印发《化学品毒性鉴定管理规范》（国卫疾控发〔2015〕69号），为预防和控制化学品毒性危害提供了依据。对化学品的物理危险性、毒性鉴定和登记应全面而具体，应以数字描述，从物理特性和化学特性方面描述，明确具体的储存、使用、运输安全要求和应急处置措施。按照2012年国家安全监管总局发布的《危险化学品登记管理办法》（国家安全监管总局令第 53 号）规定，危险化学品登记应包括分类和标签信息，物理、化学性质，主要用途，危险特性，储存、使用、运输的安全要求，出现危险情况的应急处置措施等信息。为此，《意见》强调完善并严格落实化学品鉴定评估与登记有关规定，科学准确鉴定评估化学品的物理危险性、毒性，严禁未落实风险防控措施就投入生产。

（五）加强重点环节安全管控

【原文】>>>>>>

对现有化工园区全面开展评估和达标认定。对新开发化工工艺进行安全性审查。2020 年年底前实现涉及"两重点一重大"的化工装置或储运设施自动化控制系统装备率、重大危险源在线监测监控率均达到 100%。加强全国油气管道发展规划与国土空间、交通运输等其他专项规划衔接。督促企业大力推进油气输送管道完整性管理，加快完善油气输送管道地理信息系统，强化油气输送管道高后果区管控。严格落实油气管道法定检验制度，提升油气管道法定检验覆盖率。加强涉及危险化学品的停车场安全管理，纳入信息化监管平台。强化托运、承运、装卸、车辆运行等危险货物运输全链条安全监管。提高危险化学品储罐等贮存设备设计标准。研究建立常压危险货物储罐强制监测制度。严格特大型公路桥梁、特长公路隧道、饮用水源地危险货物运输车辆通行管控。加强港口、机场、铁路站场等危险货物配套存储场所安全管理。加强相关企业及医院、学校、科研机构等单位危险化学品使用安全管理。

【导读】 >>>>>>

近些年在危险化学品生产、储存、使用、运输和废弃处置等环节分别发生了四川宜宾"7·12"重大爆炸着火事故、天津港"8·12"特别重大火灾爆炸事故、北京交通大学"12·26"较大爆炸事故、山西晋城"3·1"特别重大道路交通危险化学品燃爆事故、山东青岛"11·22"输油管道泄漏爆炸特别重大事故、江苏响水"3·21"特别重大爆炸事故等,给人民生命财产造成重大损失,也反映出危险化学品重点环节安全管控方面存在漏洞和盲区。对此,《意见》提出对现有化工园区全面开展评估和达标认定,对新开发化工工艺进行安全性审查;加强自动化控制和在线监测监控;加强油气管道安全管控;强化托运、承运、装卸、车辆运行等危险货物运输全链条安全监管；加强危险化学品使用安全管理等一系列重要举措，强化重点环节安全管控。

1. 对现有化工园区全面开展评估和达标认定。目前，我国一些化工园区先天不足，后天不补，安全隐患与风险交织叠加，极易发生事故。甚至有的地区大部分化工园区是市县审批设立，企业入园大多以投资额和创税为条件。如江苏响水"3·21"特别重大爆炸事故涉事化工园区名为生态化工园，实际上引进了大量其他地方淘汰的安全条件差、高污染企业，现有化工生产企业40家，涉及氯化、硝化企业25家，构成重大危险源企业26家，且产业链关联度低，也没有建设配套的危险废物处置设施，导致重大安全风险聚集。为有效防范化解现有化工园区安全风险，提高安全保障能力，《意见》提出对现有化工园区全面开展评估和达标认定。各地区要依据化工园区建设标准、认定条件，全面开展评估和达标认定，对合格的化工园区进行认定，未经认定的化工园区，应限期整改或转产退出。

2. 对新开发化工工艺进行安全性审查。新技术发展催生了化工工艺的进步，有的企业急于求成，新工艺未经安全论证和审查直接投入生产，导致事故发生。2016年11月19日，河北衡水天润化工有限公司在实验生产噻唑烷过程中发生中毒事故，造成3人死亡、2人受伤。2017年6月9日，浙江林江化工股份有限公司在产品中试过程中发生爆炸事故，造成3人死亡、1人受伤。新开发的化工工艺具有未知性和不确定的风险，必须经过小试、中试、工业化试验后进行工业化生产。首次使用的化工工艺必须经省级人民政府有关部门组织的安全可靠性论证。

3. 加强自动化控制和在线监测监控。一是明确到2020年年底涉及"两重点一重大"的化工装置或储运设施自动化控制系统装备率达到100%。自动化控制是指在化工产品生产和储运过程中，利用计算机的程序实现工艺方案的整体控制，该技术要求程序能够实现各个环节的相互协调，实现化工材料到化工成品的流程统一规整到自动化控制，保证化工生产的温度、压力、流量等参数的准确，实现自动化换人。在化工生产作业中，运用自动化控制技术能够让化工生产过程中的现场人员最少甚至没有，将化工生产安全事故发生的可能性和严重性降到最低程度。当生产装置相关参数超限时主动响应，避免出现人身伤害或者是重大设备损害，尤其是能够减少重大人员伤亡。

二是明确到2020年年底重大危险源在线监测监控率达到100%。重大危险源是指长期或临时地生产、储存、使用和经营危险化学品，且危险化学品的数量等于或超过临界量的单元，一旦发生事故或意外，极易发生燃烧、爆炸和毒气泄漏等事故，威胁工作人员和厂区附近居民生命财产安全，甚至导致群死群伤。管控好重大危险源是防范重特大事故的关键。2011年国家安全监管总局发布的《危险化学品重大危险源监督管理暂行规定》（国家安全监管总局令第40号）规定，危险化学品单位应当根据构成重大危险源的危险化学品种类、数量、生产、使用工艺（方式）或者相关设备、设施等实际情况，建立健全安全监测监控体系，重大危险源配备温度、压力、液位、流量、组分等信息的不间断采集和监测系统以及可燃气体和有毒有害气体泄漏检测报警装置，并具备信息远传、连续记录、事故预警、信息存储等功能。在线监测监控作用在于针对生产中的控制系统、设备运行状态、生产工艺参数进行实时监测。一旦系统处于异常状态，将启动报警联锁和紧急停车，规避相关设备运行控制中的持续异常故障现象，使得现场工作人员和机械设备的安全得到有效保障。将先进在线监测监控技术运用到重大危险源安全管控中，是有效防范化解危险化学品重大安全风险的重要技术措施。为此，《意见》明确要求2020年年底重大危险源在线监测监控率达到100%。通过在线监测监控，实现对危险物质、储存区域、生产控制系统、设备运行状态、生产工艺参数等进行实时监测，出现危险和征兆后可以第一时间启动报警、联锁和紧急停车，开启泄漏物紧急处置等应急装置，确保安全。

4. 加强油气输送管道安全管控。油气输送管道是重要的能源基础设施，是保障油气稳定供应的主要通道，油气输送管道安全运行与人民群众生命安全和生产生活息息相关。山东青岛"11·22"输油管道泄漏爆炸特别重大事故、贵州省黔西南州"6·10"中石油中缅天然气管道燃爆事故等，以及国务院安委会组织开展的近3万处安全隐患攻坚战，暴露出一些地方重复规划使用油气输送管道建设用地的现象较为普遍，特别是紧邻油气输送管道规划建设住宅区、商业区等人员密集场所，造成了油气输送管道途经地区安全等级升高，与城市给水、排水、通信电力等系统交叉形成密闭空间，具有较大安全风险。一些油气输送管道企业主体责任落实不到位，选取线路主动规避人员密集场所意识不强，对新建项目的质量和在役管道及其附属设施的空间位置、日常检测维修、安全风险较大管段的重点监测等工作落实不到位。对此，《意见》提出加强全国油气输送管道发展规划与国土空间、交通运输等其他专项规划衔接。督促企业大力推进油气输送管道完整性管理，加快完善油气输送管道地理信息系统，强化油气输送管道高后果区管控。严格落实油气输送管道法定检验制度，提升油气输送管道法定检验覆盖率。

一是加强油气输送管道规划管理。认真落实《石油天然气管道保护法》等有关法律法规，全国油气输送管道发展规划应与国土空间规划以及交通运输、矿产资源、环境保护、电力等其他专项规划相衔接。地方政府自然资源部门要严格审核油气输送管道建设项目选线方案，控制人员密集型高后果区增量，鼓励土地紧缺的地区规划建设管道走廊。纳入国土空间规划的油气输送管道建设用地，不得擅自改变用途，不得擅自改变地区等级，确保油气输送管道与地方经济社会、相关行业安全协调发展。

二是督促企业大力推进油气输送管道完整性管理，加快完善油气输送管道地理信息系统，强化油气输送管道高后果区管控。管道完整性管理是对管道面临的风险因素不断进行识别与评价，持续消除识别到的不利影响因素，采取各种风险消减措施，将风险控制在合理、可接受的范围内，最终实现安全、可靠、经济运行管道的目的。推进油气输送管道完整性管理，要求地方政府有关部门指导推动各油气输送管道企业认真落实《关于贯彻落实国务院安委会工作要求全面推行油气输送管道完整性管理的通知》（发改能源〔2016〕2197号）精神和《油气输送管道完整性管理规范》（GB 32167）等相关标准规范，建立完善油气输送管道完整性管理制度要求，加强定期检测、年度检维修和日常管理与巡护，持续做好油气输送管道数据的采集、对齐、整合和分析工作，不断识别和评价风险因素，及时采取措施消除隐患，化解风险，确保油气输送管道及其附属设施结构功能完好，高后果区、地质复杂区风险受控，实现油气输送管道安全、可靠运行。

地理信息系统综合了地理科学、遥感技术和信息科学，利用现代计算机图形和数据库技术来展现地理信息。2002年，美国交通运输部颁布了《管道安全促进法案》，推动建设了国家管网地图系统，向公众和有关施工作业方等提供管道定位服务，在防范第三方施工作业损坏油气输送管道方面发挥了重要作用，得到了公众、运营商和政府的一致认可。油气输送管道安全隐患整治攻坚战期间，按照国务院领导同志部署要求，原国家安全监管总局会同国务院国资委、国家能源局已初步建成了国家油气输送管道地理信息系统。各省级管道保护主管部门会同有关部门，要督促企业建立完善油气输送管道地理信息系统，建立数据更新和共享机制，实现国家和地方油气输送管道地理信息系统互联互通，用以指导油气输送管道高后果区风险管控、第三方施工作业和事故事件状态下应急响应，为油气输送管道的保护和安全监管提供支撑。

高后果区是指油气输送管道泄漏后可能对公众和环境造成较大以上不良影响的区域。据统计，随着我国油气输送管道的持续建设和城乡快速发展，油气输送管道高后果区已经超过1万处，成为安全风险管控的重点和难点。2017年，国家安全监管总局会同国家发展改革委、国土资源部、住房城乡建设部、交通运输部、国务院国资委、国家质检总局、国家能源局八部门印发了《关于加强油气输送管道途经人员密集场所高后果区安全管理工作的通知》（安监总管三〔2017〕138号），对人员密集场所高后果区安全管理工作作出了部署安排。地方各级政府及其有关部门要认真落实属地和部门监管责任，严格控制高后果区增量，加强监管执法，完善"一区一案"，推动油气输送管道企业定期开展高后果区风险评价，及时维修维护或更新有缺陷的设备设施，提高管道本体及其附属设施的安全可靠性。采取提高日常巡护频次、加密设置地面警示标识、实施应力应变监测等人防、物防、技防措施，防止第三方施工作业损坏油气输送管道，监测高后果区地质灾害、地层移动、塌陷等潜在风险。防止高后果区管段与市政地下管网、公路、桥梁、航道相互交叉、穿（跨）越时形成安全隐患。

三是严格落实油气输送管道法定检验制度，提升油气输送管道法定检验覆盖率。严格落实法定检验制度是保障油气输送管道安全运行的基础性工作。按照《关于规范和推进油气输送管道法定检验工作的通知》（国质检特联〔2016〕560号），管道法定检验包括压力管道元件制造监督检验和型式试验、管道安装监督检验和在役管道定期检验等法定检验工作。管道安装监督检验执行《压力管道安装安全质量监督检验规则》的规定，管道定期检验执行《压力管道定期检验规则——长输（油气）管道》（TSG D7003）以及《油气输送管道完整性管理规范》（GB 32167）的规定。

对于油气输送管道建设项目，设计、制造、安装单位和管道企业应当严格落实管道检验制度，保证管道本体安全。压力管道元件制造单位应按照安全技术规范的规定，通过产品型式试验和制造过程监督检验，取得型式试验证书和监督检验证书。首次进口的压力管道元件应当通过试验机构进行的型式试验。管道建设选用国产压力管道元件时，应当选用具有相应特种设备许可证企业生产的或通过型式试验合格的压力管道元件。在开始施工前，应当按照《特种设备安全法》的规定，书面告知管道所在地直辖市或设区的市级人民政府特种设备安全监督管理的部门，并约请经核准的检验机构，按照特种设备安全技术规范的规定进行管道安装监督检验。

对在役油气输送管道，管道企业应当按照安全技术规范的规定做好年度检查工作，年度检查可由管道企业自行负责，也可以委托有能力的机构实施。管道企业应当在做好管道年度检查工作的基础上，认真制定管道定期检验计划，自主选择经核准的管道检验机构开展检验，及时发现并消除管道腐蚀减薄和内部缺陷扩展，保证管道本体安全。

5.加强运输储存等环节安全管控。危险化学品运输储存过程中发生事故不仅造成人员伤亡、财产损失，往往还会影响公共安全。如2005年京沪高速江苏淮安段"3·29"危险品泄漏中毒事故，造成29人中毒死亡、456人中毒住院治疗、1867人门诊留治；2011年京珠高速河南信阳"7·22"特别重大卧铺客车燃烧事故，造成41人死亡、6人受伤；2014年沪昆高速湖南邵阳段"7·19"特别重大道路交通危险化学品爆燃事故，造成54人死亡、6人受伤（其中4人因伤势过重医治无效死亡）。因此，《意见》提出加强涉及危险化学品的停车场安全管理，纳入信息化监管平台。强化托运、承运、装卸、车辆运行等危险货物运输全链条安全监管。提高危险化学品储罐等贮存设备设计标准。研究建立常压危险货物储罐强制监测制度。严格特大型公路桥梁、特长公路隧道、饮用水源地危险货物运输车辆通行管控。加强港口、机场、铁路站场等危险货物配套存储场所安全管理。

一是加强涉及危险化学品的停车场安全管理。2019年4月23日，位于陕西省榆林市横山区白界镇马扎梁附近一停车场发生爆炸，事故是由停车场内的油罐车起火后引发，虽无人员伤亡，但暴露出危险化学品的停车场安全管理存在漏洞。危险化学品停车场建设，要做好前期研判、规划选址，确保足够的安全距离。对于停车场内车辆荷载情况、人员位置必须登记、严格管控。

二是强化托运、承运、装卸、车辆运行等危险货物运输全链条安全监管。在托运、承运、装卸、车辆运行等过程中，要依据危险货物的危险特性，在作业场所设置相应的监测、监控、通风、防晒、调温、防火、灭火、防爆、泄压、防毒、中和、防潮、防雷、防静电、防腐、防泄漏以及防护围堤或者隔离操作等安全设施、设备。经营者应当按照国家标准、行业标准对其危险货物作业场所的安全设施设备进行经常性维护保养，并定期进行检测检验，及时更新不合格的设施设备，保证正常运转。维护保养、检测检验应当做好记录，并由有关人员签字。

三是提高危险化学品储罐等贮存设备设计标准。危险化学品储罐容积大，易构成重大危险源。但关于危险化学品储罐等贮存设备设计标准要求仍较低，难以满足保障安全的需要，必须提高危险化学品储罐等贮存设备设计标准，防止储罐区发生燃爆事故。

四是严格特大型公路桥梁、特长公路隧道、饮用水源地危险货物运输车辆通行管控。按照《公路工程技术标准》，特大桥指多孔跨径总长1000米以上、单孔跨径150米以上的桥梁；公路特长隧道指全长3000米以上的隧道；饮用水源地即提供城镇居民生活及公共服务用水（如政府机关、企事业单位、医院、学校、餐饮业、旅游业等用水）取水工程的水源地域，包括河流、湖泊、水库、地下水等。危险化学品车辆一旦在特大型公路桥梁、特长公路隧道、饮用水源地发生事故，造成爆炸火灾或有毒有害物质流入水源地，极易引发群死群伤恶性事故或环境事件。2014年，山西晋城"3·1"特别重大道路交通危险化学品燃爆事故，导致甲醇泄漏迅速燃烧，造成31人死亡、9人失踪和42辆车不同程度损毁。以此为鉴，必须严格管控特大型公路桥梁、特长公路隧道、饮用水源地危险货物运输车辆的通行。

危险化学品车辆通过特大型公路桥梁或者特长公路隧道的，危险化学品车辆运输许可的机关应当提前将行驶时间、路线通知特大型公路桥梁或者特长公路隧道的管理单位，并对车辆进行有效监管。危险化学品车辆一般不允许进入饮用水源地保护区，必须进入者应事先申请并经有关部门批准、登记并设置防渗、防溢、防漏设施。

五是加强港口、机场、铁路站场等危险货物配套存储场所安全管理。由于特殊的地理位置和作用，人员密集度高，出现事故不仅造成人员伤亡，也影响物流运输，必须加强港口、机场和铁路站场的危险货物配套存储场所的安全管理。要优化危险货物储罐区等危险货物作业集中区域布局，明确危险货物配套存储场所的责任人，建立完善储罐管理档案。在危险货物存储场所张贴与存储的危险货物相一致的相关标识，告知相关人员所存储危险货物的类（项）别和危险性，严禁超量存储。装卸作业期间，相关作业人员要按规定穿戴防静电工作服、防静电工作鞋，使用符合防爆要求的工具，装卸作业现场要设置监护人员，加强监督检查，禁止"三违"行为。

6. 加强相关企业及医院、学校、科研机构等单位危险化学品使用安全管理。危险化学品与工业生产和日常生活紧密相关，危险化学品在各行各业被广泛使用，但由于使用单位对危险化学品易燃易爆、有毒有害的固有危险特性了解认识不足，安全管控责任与措施不到位，致使潜在安全风险大。根据国务院安委会印发的《涉及危险化学品安全风险的行业品种目录》，国民经济行业分类 20 个门类中有 15 个门类、95 个大类中有 68 个大类都涉及危险化学品，占比高达 75%、70.8%。医院、学校、科研机构常用的危险化学品包括丙酮、硫酸、盐酸、氯仿、过氧化氢、乙醚、无水乙醇、乙酸、高锰酸钾等。但一些科研人员和管理人员对于危险化学品的认识不全面，安全防范素质不高，不认为这些属于危险化学品或应该按危险化学品进行管理。同时，部分单位对于危险化学品没有专门的管理规定，或是即使有规定也未严格执行；

对于危险化学品的购买、使用没有专门的出入库和记录管理。各科研院所和企业对于危险化学品的采购、使用、储存管理标准不一，规范程度参差不齐。近些年，涉及危险化学品使用的企业、医院、学校、科研机构等单位和人员数量越来越多，由于存在安全管理不到位、安全意识不强等诸多问题，发生一些安全事故。如 2018 年 12 月 26 日，北京交通大学市政与环境工程实验室发生爆炸燃烧，事故造成 3 人死亡。《上海市危险化学品安全管理办法》要求，医院、学校、科研院所等使用危险化学品的单位（应当依法取得危险化学品安全许可的除外）应当建立危险化学品安全管理制度，并将使用危险化学品的品名、数量、用途、安全管理措施等信息，每季度分别报送卫生、教育、科技等主管部门。其他没有主管部门的危险化学品使用单位应当将相关信息报送产业园区管理机构或者所在地乡镇人民政府、街道办事处。

（六）强化废弃危险化学品等危险废物监管
【原文】>>>>>>

全面开展废弃危险化学品等危险废物（以下简称危险废物）排查，对属性不明的固体废物进行鉴别鉴定，重点整治化工园区、化工企业、危险化学品单位等可能存在的违规堆存、随意倾倒、私自填埋危险废物等问题，确保危险废物贮存、运输、处置安全。加快制定危险废物贮存安全技术标准。建立完善危险废物由产生到处置各环节联单制度。建立部门联动、区域协作、重大案件会商督办制度，形成覆盖危险废物产生、收集、贮存、转移、运输、利用、处置等全过程的监管体系，加大打击故意隐瞒、偷放偷排或违法违规处置危险废物违法犯罪行为力度。加快危险废物综合处置技术装备研发，合理规划布点处置企业，加快处置设施建设，消除处置能力瓶颈。督促企业对重点环保设施和项目组织安全风险评估论证和隐患排查治理。

【导读】>>>>>>

江苏响水"3·21"特别重大爆炸事故暴露出，涉事企业违法违规贮存和处置危险废物、有关部门监管缺位等问题，也反映出危险废物贮存安全技术标准缺乏、危险废物处置企业规划布点少、处置能力不足等深层次问题。对此，《意见》提出全面开展危险废物排查整治，加强危险废物安全制度标准建设，加快危险废物综合处置能力提升，开展环保设施项目安全评估和隐患排查治理等对策措施。

1. 全面开展废弃危险化学品等危险废物排查整治。长期以来，废弃危险化学品等危险废物的安全风险没有得到重视，部分企业长期违规堆存、随意倾倒、私自填埋危险废物。江苏响水"3·21"特别重大爆炸事故为全国敲响了警钟，必须举一反三，全面开展废弃危险化学品等危险废物排查，重点整治化工园区、化工企业、危险化学品单位等风险较高的区域，避免此类事故再次发生。

一是全面开展危险废物排查。由生态环境部门和应急管理部门牵头，有关部门参加，重点排查工业企业危险废物产生量、类别、贮存、去向情况；掌握跨省转移危险废物类别、转移量及主要接收地；排查固体废物非法贮存、倾倒和填埋情况；排查危险废物产生单位自建危险废物处置设施建设和运行情况，危险废物经营单位（含试运行单位）的运行、处置能力情况，各地危险废物处置缺口情况等内容。

二是对属性不明的固体废物进行鉴别鉴定。《国家危险废物名录》第八条规定，对不明确是否具有危险特性的固体废物，应当按照国家规定的危险废物鉴别标准和鉴别方法予以认定。因此，必须对属性不明的固体废物进行鉴别鉴定，属于危险废物的，按照相关规定和技术标准严格管控安全。

三是确保危险废物贮存、运输、处置安全。各地区应切实吸取江苏响水"3·21"特别重大爆炸事故教训,加强危险废物流向监控,重点整治化工园区、化工企业、危险化学品单位等可能存在的违规堆存、随意倾倒、私自填埋危险废物等问题,开展专项整治行动,严厉打击危险废物贮存、运输、处置过程中的违法行为。

2. *加强危险废物安全制度标准建设。*针对危险废物安全制度标准建设存在的短板和盲区,《意见》提出加快制定危险废物贮存安全技术标准。建立完善危险废物由产生到处置各环节联单制度。建立部门联动、区域协作、重大案件会商督办制度,形成全过程的监管体系,加大打击违法犯罪行为力度。

一是加快制定危险废物贮存安全技术标准。《危险废物贮存污染控制标准》(GB 18597),对危险废物贮存容器、危险废物贮存设施的选址与设计原则、危险废物贮存设施的运行与管理、危险废物贮存设施的安全防护与监测、危险废物贮存设施的关闭作出了规定。但在危险废物贮存安全技术标准方面仍然是空白,应加快制定危险废物贮存场所安全规范、危险废物贮存安全技术标准、危险废物贮存安全监控系统技术标准等。

二是建立完善危险废物由产生到处置各环节联单制度。联单制度是对危险废物安全转移实施全过程有效监督的管理制度。危险废物产生单位、转移者、运输者和接受者，均应按国家规定的统一格式、条件和要求填写联单，分别载明转移危险废物的名称、数量、特性及转移地点，对所交接、运输的危险废物如实进行转移报告单的填报登记，并按程序和期限向相关部门报告，控制危险废物流向，掌握危险废物的动态变化，监督转移活动，使危险废物转移处于受控状态。

三是建立部门联动、区域协作、重大案件会商督办制度。危险废物的产生、运输和处置涉及多个部门，同时由于危险废物处置能力的不均衡分布，危险废物往往要跨区域处置。因此，必须依靠各地区、各部门共同发力，形成覆盖危险废物产生、收集、贮存、转移、运输、利用、处置等全过程的监管体系。对于典型重大案件，各相关部门要建立会商督办制度，共享监管信息、定期召开联席会议，加大打击故意隐瞒、偷放偷排或违法违规处置危险废物违法犯罪行为力度，形成工作合力。

3. 提升危险废物综合处置能力。我国每年危险废物产生量超过1亿吨，截至2018年12月底，全国共有2181家企业具有省级危险废物处理资质，但60%以上危险废物处理产能不足2万吨/年，每年危险废物处理能力仍有3000万吨的缺口，必须加快提升危险废物综合处置能力。

一是加快危险废物综合处置技术装备研发。危险废物处置技术水平的提高、处置效果的提升以及无害化的实现，是危险废物处置行业发展的关键。危险废物的来源广泛、构成复杂，不同来源不同类型的危险废物的特性不同，需要的处理处置手段也复杂多样，最常见的就是固化法、物化法以及回窑焚烧法。几种方法各具特点也各有局限性，要大幅提高处置能力，必须加快危险废物综合处置技术装备研发，提高危险废物综合处置能力。

二是合理规划布点处置企业，加快处置设施建设。我国工业体系齐全，危险废物种类繁多，处置技术性强，部分地区存在处置能力不匹配、资源分布不平衡、处置价格偏高等问题。对此，要在全国范围内统筹规划危险废物处置企业布局，加快处置设施建设，增加重点区域危险废物综合处置能力。

4. 开展环保设施项目安全评估和隐患排查治理。环保设施也存在安全运行问题，如果不科学辨识管控安全风险，环保设施同样会发生安全事故。如2017

年12月19日，山东日科化学股份有限公司"煤改气"系统投用过程中违章操作导致爆燃，造成7人死亡、4人受伤。2019年5月27日，开封泰德化工有限公司污水处理车间调试新上污水处理设施时，发生事故，造成1人死亡、1人轻伤。对此，各地区、各部门要督促企业对重点环保设施和项目组织安全风险评估论证和隐患排查治理，识别环保技改项目和设施所带来的新的安全风险，排查环保设施所采用的工程设计和设备设施是否符合安全生产相关法律法规标准要求，采用的新工艺、新材料、新技术、新设备是否进行过安全论证等。

第四章　强化企业主体责任落实

本章从强化法治措施、加大失信约束力度、强化激励措施3个方面，对强化企业主体责任落实提出要求。

（七）强化法治措施

【原文】>>>>>>

积极研究修改刑法相关条款，严格责任追究。推进制定危险化学品安全和危险货物运输相关法律，修改安全生产法、安全生产许可证条例等，强化法治力度。严格执行执法公示制度、执法全过程记录制度和重大执法决定法制审核制度，细化安全生产行政处罚自由裁量标准，强化精准严格执法。落实职工及家属和社会公众对企业安全生产隐患举报奖励制度，依法严格查处举报案件。

【导读】>>>>>>

习近平总书记强调，所有企业必须认真履行安全生产主体责任；必须强化依法治理，用法治思维和法治手段解决安全生产问题，加快安全生产相关法律法规制定修订，加强安全生产监管执法，着力提高安全生产法治化水平。近年来发生的一些危险化学品生产安全事故暴露出，企业主体责任不落实是主要原因。据统计，90%以上的事故都是企业违法违规生产经营建设所致。必须紧紧抓住企业责任主体，以严格的法治措施，强化责任落实。本条从加强危险化学品安全相关法规制修订、精准严格执法、落实举报奖励制度等方面作出要求。

1. 加强危险化学品安全相关法规制修订。"立善法于天下，则天下治；立善法于一国，则一国治"。健全完善的危险化学品安全生产法律法规体系是推进依法治理的前提。《意见》针对目前危险化学品安全生产法规体系不完善、处罚力度不够等问题提出以下措施。

一是积极推进修改《刑法》相关条款，严格责任追究。目前，我国对生产经营建设过程中严重危害安全生产的违法行为追究刑责力度不够，只有导致人员伤亡和一定数额经济损失等严重后果才能追究刑事责任，对未导致重大后果的严重违法行为追究刑事责任还是空白，致使一些违法行为屡禁不止。对于一些典型的安全生产重大违法行为，虽然并未引发事故，如果仅仅进行行政处罚，不足以对相关人员形成震慑，若等到事故发生后再追究相关责任人员刑事责任，人民群众生命财产将付出巨大的代价。2016年，借鉴"醉驾入刑"、制售食品药品违法行为入刑的立法思路，《改革发展意见》提出，研究修改《刑法》有关条款，将生产经营过程中极易导致重大生产安全事故的违法行为列入《刑法》调整范围。但目前未取得实质进展。为此，《意见》明确提出积极研究修改《刑法》相关条款，严格事故责任追究。以将具有明显的主观故意、极易导致重大生产安全事故的典型违法行为列入《刑法》调整的范围，直接追究其刑事责任，大幅提高违法成本，对相关人员形成足够的震慑，起到事前防范作用。

二是推进制定危险化学品安全等相关法律。我国作为世界第一化工大国，目前还没有一部危险化学品专门法律，只有一部行政法规《危险化学品安全管理条例》，立法层级低，难以统一和协调其他专门法律法规的规定要求，对行政机关和相关企业的约束有限。《危险化学品安全生产"十三五"规划》明确提出，加强危险化学品安全立法，根据危险化学品安全管理环节，研究制定危险化学品安全管理法规体系框架，推动制定危险化学品安全相关法律，完善以《安全生产法》和将要出台的危险化学品安全相关法律为核心，地方性法规和部门规章为补充的危险化学品安全法律法规体系。同时，危险货物运输方面仅是部门规章，缺乏上位法指引，效力层级较低，权威性不够。为此，《意见》提出推进制定危险化学品安全和危险货物运输相关法律。

三是修改《安全生产法》《安全生产许可证条例》等法律法规。危险化学品安全涉及的法律法规较多，除《危险化学品安全管理条例》外，还包括《安全生产法》《消防法》《道路交通安全法》《特种设备安全法》《港口法》以及《安全生产许可证条例》《民用爆炸物品安全管理条例》《城镇燃气管理条例》等20余部相关法律法规，但一些法律法规处罚力度低，有的已不能满足当前的需要，亟需修订。为此，《意见》对修改《安全生产法》、《安全生产许可证条例》等提出要求。

2. 精准严格执法。习近平总书记在中央政治局第十九次集体学习时强调，要实施精准治理，预警发布要精准，抢险救援要精准，恢复重建要精准，监管执法要精准。党的十八届四中全会提出，健全依法决策机制，建立行政机关内部重大决策合法性审查机制；坚持严格规范公正文明执法，依法惩处各类违法行为，建立健全行政裁量权基准制度，全面落实行政执法责任制。国务院办公厅印发的《关于全面推行行政执法公示制度执法全过程记录制度重大执法决定法制审核制度的指导意见》（国办发〔2018〕118号），就全面推行行政执法公示制度、执法全过程记录制度、重大执法决定法制审核制度工作有关事项提出明确要求。应急管理部深入贯彻党和国家有关部署安排，制定了《应急管理部行政执法公示办法》《应急管理部重大执法决定法制审核办法》等，进一步强化依法行政，促进严格规范公正文明执法，加强对重大行政执法行为的监督，保护公民、法人和其他组织的合法权益。

目前，一些地区安全执法"宽松软""大呼隆""一刀切"，处罚裁量标准随意等问题依然突出。有的地方事前执法内容95%以上为企业培训、管理制度等，对企业本质安全、人员准入条件、重大危险源管理和装备设施维护等安全管理的重点内容处罚不多，没有找准"死穴"和"痛点"，不仅没有发挥法律震慑作用、有效推动企业落实主体责任，反而导致有的企业做表面文章，应付监管部门的检查。为此，《意见》对进一步完善行政执法相关制度，细化行政处罚自由裁量标准,严格精准执法提出要求。

3. 落实举报奖励制度。充分发挥社会监督力量,举报安全隐患和违法违规行为,是防范化解安全风险的重要手段。2018年1月,国家安全监管总局、财政部联合印发《安全生产领域举报奖励办法》(安监总财〔2018〕19号),进一步加强安全生产工作的社会监督,鼓励举报重大事故隐患和安全生产违法行为,及时发现并排除重大事故隐患,制止和惩处违法行为。2019年《国务院关于加强和规范事中事后监管的指导意见》(国发〔2019〕18号)明确提出,要发挥社会监督作用,建立"吹哨人"、内部举报人等制度,对举报严重违法违规行为和重大风险隐患的有功人员予以重奖和严格保护。上述政策的出台和推行,扩大了公众参与,弥补了监管缺口,提升了监管的针对性和实效性,对事故防范起到了重要作用。为此,《意见》进一步强调要进一步落实职工及家属和社会公众对企业生产安全隐患举报奖励制度,依法严格查处举报案件。

(八)加大失信约束力度

【原文】>>>>>>

危险化学品生产贮存企业主要负责人(法定代

表人）必须认真履责，并作出安全承诺；因未履行安全生产职责受刑事处罚或撤职处分的，依法对其实施职业禁入；企业管理和技术团队必须具备相应的履职能力，做到责任到人、工作到位，对安全隐患排查治理不力、风险防控措施不落实的，依法依规追究相关责任人责任。对存在以隐蔽、欺骗或阻碍等方式逃避、对抗安全生产监管和环境保护监管，违章指挥、违章作业产生重大安全隐患，违规更改工艺流程，破坏监测监控设施，夹带、谎报、瞒报、匿报危险物品等严重危害人民群众生命财产安全的主观故意行为的单位及主要责任人，依法依规将其纳入信用记录，加强失信惩戒，从严监管。

【导读】 >>>>>>

强化失信约束是促进企业落实主体责任的重要措施。国家发展改革委等18部门印发的《关于对安全生产领域失信生产经营单位及其有关人员开展联合惩戒的合作备忘录》（发改财金〔2016〕1001号）明确，通过全国信用信息共享平台向全国企业信用信息公示系统及各部门相关系统及时提供安全生产领域存在失信行为的生产经营单位及有关人员相关信息，在应急管理部网站、"信用中国"网站和企业信用信息公示系统上向社会公布。各有关部门根据生产经营单位及有关人员失信行为严重程度，依法依规对其实施联合惩戒，使失信人寸步难行。本条对未履行安全生产职责的危险化学品生产贮存企业主要负责人（法定代表人）、企业管理和技术团队提出惩戒措施，同时对具有一些失信行为的责任人实施严格惩戒，推动企业落实主体责任。

1. 明确对失信危险化学品生产贮存企业主要负责人（法定代表人）的惩戒措施。《安全生产法》规定，生产经营单位的主要负责人对本单位的安全生产工作全面负责；生产经营单位的主要负责人未履行本法规定的安全生产管理职责的，导致发生生产安全事故的，给予撤职处分；构成犯罪的，依照刑法有关规定追究刑事责任；生产经营单位的主要负责人依照前款规定受刑事处罚或者撤职处分的，自刑罚执行完毕或者受处分之日起，五年内不得担任任何生产经营单位的主要负责人，对重大、特别重大生产安全事故负有责任的，终身不得担任本行业生产经营单位的主要负责人。《应急管理部关于全面实施危险化学品企业安全风险研判与承诺公告制度的通知》（应急〔2018〕74号）中规定，在生产装置、罐区、仓库安全运行，高危生产活动及作业的风险可控、重大隐患落实治理措施的前提下，特殊作业、检维修作业、承包商作业等主要安全风险可控的前提下，以本企业董事长或总经理等主要负责人的名义每天签署安全承诺，在工厂主门外公告，并上传至属地安全监管部门网站。危险化学品生产贮存企业主要负责人（法定代表人）是安全生产第一责任人，是做好本单位安全生产工作的关键，必须抓住这个关键。近些年来发生的一些事故暴露出，企业主要负责人对安全生产工作不重视、不作为，是导致事故的主要原因之一。如河北张家口"11·28"重大爆燃事故暴露出该公司主要负责人及重要部门负责人长期不在岗在位，劳动纪律涣散，员工在上班时间玩手机、脱岗、睡岗现象普遍存在，不能对生产装置实施有效监控，安全投入不够，风险管控能力不足，隐患排查治理不到位等诸多问题。对此，《意见》明确要求危险化学品生产贮存企业主要负责人（法定代表人）必须认真履责，并作出安全承诺；对因未履行安全生产职责受刑事处罚或撤职处分的，依法实施职业禁入。

2. 对企业管理和技术团队履职提出明确要求。目前，有的危险化学品企业不具备危险化学品安全管理能力和技术团队，受利益驱使，胆大妄为，涉足危险化学品生产贮存等领域，因安全管理和技术能力不足，导致事故发生。如四川宜宾"7·12"重大爆炸着火事故，涉事企业车间副主任仅小学三年级文化，2月份入职6月份就被提拔为车间副主任，根本就不具备相应的安全管理和技术能力。对此，《意见》提出企业管理和技术团队必须具备相应的履职能力，做到责任到人、工作到位，对安全隐患排查治理不力、风险防控措施不落实的，依法依规追究相关责任人的责任。

3. 对存在严重危害人民群众生命安全的主观故意行为的单位及主要责任人实施失信惩戒。2017年，国家安全监管总局印发了《对安全生产领域失信行为开展联合惩戒的实施办法》（安监总办〔2017〕49号），明确了纳入联合惩戒对象的生产经营单位及其有关人员存在的失信行为，但对危险化学品领域存在的极易导致事故的一些主观故意行为没有涉及或未细化。对此，《意见》提出对存在以隐蔽、欺骗或阻碍等方式逃避、对抗安全生产监管和环境保护监管，违章指挥、违章作业产生重大安全隐患，违规更改工艺流程，破坏监测监控设施，夹带、谎报、瞒报、匿报危险物品等严重危害人民群众生命财产安全的主观故意行为的单位及主要责任人纳入信用记录，实施联合惩戒。下一步将修订《对安全生产领域失信行为开展联合惩戒的实施办法》，将上述失信行为纳入联合惩戒范围，强化企业安全生产主体责任落实。

（九）强化激励措施

【原文】>>>>>>

全面推进危险化学品企业安全生产标准化建设，对一、二级标准化企业扩产扩能、进区入园等，在同等条件下分别给予优先考虑并减少检查频次。对国家鼓励发展的危险化学品项目，在投资总额内进口的自用先进危险品检测检验设备按照现行政策规定免征进口关税。落实安全生产专用设备投资抵免企业所得税优惠。提高危险化学品生产贮存企业安全生产费用提取标准。推动危险化学品企业建立安全生产内审机制和承诺制度，完善风险分级管控和隐患排查治理预防机制，并纳入安全生产标准化等级评审条件。

【导读】>>>>>>

推动落实企业安全生产主体责任，既要实施约束手段，也要采取激励措施，不断激发企业的积极性、主动性和创造性，勇于创新管理机制，有效防范化解安全风险，提高安全生产工作水平。本条从安全生产标准化建设和落实相关经济政策等方面提出激励措施。

1. 对达到一级和二级安全生产标准化企业给予优惠政策。企业安全生产标准化是一种先进的安全管理模式，通过建立安全生产责任制，制定安全管理制度和操作规程，排查治理隐患和监控重大危险源，建立预防机制，规范生产行为，使各生产环节符合有关安全生产法律法规和标准规范的要求，人、机、物、环处于良好的安全状态，并持续加以改进。推进安全生产标准化是落实企业主体责任、建立安全生产长效机制的有效途径。《安全生产法》对推进安全生产标准化建设也提出明确要求。为激励危险化学品企业加强安全生产标准建设，提高安全管理水平，《意见》提出对一、二级标准化企业扩产扩能、进区入园等，在同等条件下分别给予优先考虑并减少检查频次。同时，提出将建立安全生产内审机制和承诺制度，完善风险分级管控和隐患排查治理预防机制，并纳入安全生产标准化等级评审条件，推动企业完善安全生产管理制度，建立内生机制，压实企业主体责任，提高企业本质安全。

2. 落实相关经济政策惠企。一是对国家鼓励发展的危险化学品项目，在投资总额内进口的自用先进危险品检测检验设备按照现行政策规定免征进口关税。二是落实安全生产专用设备投资抵免企业所得税优惠。《安全生产专用设备企业所得税优惠目录（2008年版）》（以下简称《目录》，财税〔2008〕118号）是经国务院批准，由财政部、国家税务总局、国家安全监管总局联合制定的，规定企业购置并实际使用列入《目录》范围内的安全生产专用设备，可以按专用设备投资额的10%，抵免当年企业所得税应纳税额。2018年，财政部、国家税务总局、应急管理部联合印发《安全生产专用设备企业所得税优惠目录（2018年版）》（财税〔2018〕84号），对企业购置并实际使用安全生产专用设备享受企业所得税抵免优惠政策的适用目录进行适当调整，要进一步落实新规定。三是提高危险化学品生产贮存企业安全生产费用提取标准。2012年，财政部牵头修订发布了《企业安全生产费用提取和使用管理办法》。危险化学品生产贮存企业固有风险大，管控要求高，对安全费用需求大。为此，《意见》提出适当提高危险化学品生产贮存企业安全费用提取标准。

第五章 强化基础支撑保障

本章从提高科技与信息化水平、加强专业人才培养、规范技术服务协作机制、加强危险化学品救援队伍建设4个方面，对强化危险化学品安全基础支撑保障提出要求。

（十）提高科技与信息化水平

【原文】>>>>>>

强化危险化学品安全研究支撑，加强危险化学品安全相关国家级科技创新平台建设，开展基础性、前瞻性研究。研究建立危险化学品全生命周期信息监管系统，综合利用电子标签、大数据、人工智能等高新技术，对生产、贮存、运输、使用、经营、废弃处置等各环节进行全过程信息化管理和监控，实现危险化学品来源可循、去向可溯、状态可控，做到企业、监管部门、执法部门及应急救援部门之间互联互通。将安全生产行政处罚信息统一纳入监管执法信息化系统，实现信息共享，取代层层备案。加大化工危险工艺本质安全、大型储罐安全保障、化工园区安全环保一体化风险防控等技术及装备研发。推进化工园区安全生产信息化智能化平台建设，实现对园区内企业、重点场所、重大危险源、基础设施实时风险监控预警。加快建成应急管理部门与辖区内化工园区和危险化学品企业联网的远程监控系统。

【导读】>>>>>>

安全生产工作的"3E（Engineering、Enforcement、Education）"原则表明，工程技术是确保安全生产最有效、最优先采取的手段。但从整体上来看，我国危险化学品安全科技水平、信息化水平不高，与世界先进国家相比还存在很大差距，各相关领域研究处于专业条块分割状态，尚未从总体上对危险化学品安全的共性和关键性问题进行研究，危险化学品安全技术支撑体系仍很薄弱。

同时，江苏响水"3·21"特别重大爆炸事故暴露出一些危险化学品安全生产中介机构支撑能力不足，在进行复产综合性安全评价时，安全条件检查不全面、不深入。现阶段危险化学品安全技术基础性理论研究深度不够，跟踪世界前沿技术和交叉学科发展的敏锐度不足，在集成创新和消化吸收再创新方面能力不强，与企业安全生产的实际结合不紧密。危险化学品生产经营企业，特别是中小企业的自动化、智能化水平不高，工艺装备落后，安全技防能力偏弱。对此，《意见》从提高科技支撑能力和信息化水平两个方面作出工作部署。

1. 提高科技支撑能力。危险化学品安全生产必须紧紧依靠科技进步，以科技创新驱动安全发展。《意见》对提高危险化学品安全科技支撑能力提出具体要求。

一是强化危险化学品安全研究支撑。目前，我国危险化学品安全生产技术支撑机构分散、力量薄弱、能力不强，没有建立权威、高水平的国家级危险化学品安全研究机构，需全面整合各方力量资源，研究组建国家危险化学品安全研究机构，以支撑服务安全发展战略为主线，以建设世界一流的危险化学品安全管理战略政策研究和技术支撑机构为目标，开展危险化学品安全生产和应急救援领域基础性、综合性、前瞻性科学研究，解决危险化学品生产安全事故预防、本质安全、重大风险管控、化工过程安全管理、应急救援等重大技术关键难题，推进理论创新、管理创新、制度创新、技术创新，提高产学研结合能力和核心竞争能力，为强化危险化学品安全监管工作提供高水平的智力保障、当好核心智库助手，有效防范化解危险化学品重大安全风险，加快提升危险化学品安全治理体系和治理能力现代化水平提供强有力的支撑。要重点加强危险化学品安全相关国家级科技创新平台建设，开展基础性、前瞻性研究。国家级科技创新平台包括危险化学品领域的国家工程研究中心、国家技术创新中心、国家重点实验室等。2019年3月，国家发展改革委"十三五"重大投资项目——国家级危险化学品重大事故防控技术支撑基地建设可行性研究报告通过审批。该项目由应急管理部化学品登记中心牵头，联合中国安全生产科学研究院、上海化工研究院共同申报。项目位于山东青岛蓝谷高新技术产业开发区，由化工过程风险评估与安全控制、重大事故应急救援技术支撑等5个分基地、23个实验室或平台组成，主要从事故前的防控、事故中的应急与指挥、事故后的调查与验证等环节，围绕危险化学品安全生产工作需求，开展监督执法检查、隐患排查、事故预防与控制、重大危险源监控、应急救援、事故鉴定等方面的关键技术和装备研发、生产，以及技术标准制修订等研究支撑工作。

二是加强重点技术装备研发。科技创新和研发是安全生产的重要保障，也是遏制重特大生产安全事故的重要支撑。要加快危险化学品安全生产领域基础理论和关键技术装备研究，重点围绕危险化学品安全面临的重大科技问题，优化国家科技计划，探索设立危险化学品安全重大科技专项，整合优势科技资源，加大对危险化学品安全科研项目的支持力度，加强化工危险工艺本质安全、大型储罐安全保障、化工园区安全环保一体化风险防控等危险化学品安全关键技术及装备研发，研制出一批技术先进、安全可靠的适用技术、工艺和装备，切实解决困扰危险化学品安全的技术难题。

2. 提高信息化水平。加强信息系统建设是提高危险化学品企业安全防控能力和安全管理水平的重要手段，同时对增强安全监管能力、规范执法行为具有重要保障和促进作用。但是目前我国危险化学品安全生产信息化、智能化水平不高，监控系统、监管系统建设严重滞后，缺少运用大数据智能化监控企业违法行为的手段，约有 30% 的化工园区还没有建立安全监管信息平台。对此，《意见》对提高危险化学品安全信息化水平提出要求。

一是研究建立危险化学品全生命周期信息监管系统。综合利用当前先进的电子标签、大数据、人工智能等高新技术,对危险化学品生产、储存、运输、使用、经营、废弃处置等各环节进行全过程的信息化管理和监控,实现来源可循、去向可溯、状态可控,做到企业、监管部门、执法部门及应急救援部门之间数据共享和信息互通,为形成危险化学品全生命周期协同监管闭环链提供有力支撑。通过该系统,企业和监管部门可以掌握和监控危险化学品来源、去向和实时状态;发生事故时,应急救援部门可以根据危险化学品种类、数量和性质科学制定实施救援方案;事故调查时,监管部门可以对违法违规行为进行全过程追溯,准确划分事故责任。如浙江省建设危险化学品风险防控大数据平台,按照危险化学品全生命周期风险管控要求,通过流程再造、业务协同,实现各部门依据自身监管职能,对危险化学品全链条的部门协同管理。上海化学工业区应用电子标签技术,对危险化学品开展实时溯源管理,对园区内危险化学品安全监管做到"来源可追溯、去向可查证、责任可追究",实现危险化学品"生产→发货→运输→入库→储存→出库→运输→收货→使用"等环节的全过程监管。

二是将安全生产行政处罚信息统一纳入监管执法信息化系统。《安全生产违法行为行政处罚办法》规定，安全生产行政执法人员当场作出行政处罚决定应当报所属安全监管部门备案，安全监管部门作出重大行政处罚决定应当向上一级安全生产监督管理部门备案。将安全生产行政处罚信息统一纳入监管执法信息化系统后，上下级应急管理部门、执法人员执法终端的行政处罚信息可以通过监管执法信息化系统实现共享，可以取代行政处罚决定的层层备案，从而减轻一线监管执法人员的工作负担，做到信息共享，提高行政执法效率。

三是推进化工园区安全生产信息化智能平台建设。《危险化学品重大危险源监督管理暂行规定》第十三条对重大危险源配备自动化控制系统、安全仪表系统和视频监控系统等提出具体规定要求。化工园区要对园内化工企业、重点场所、重大危险源、重要基础设施等进行实时监控和预警，强化开停车、检维修、动火等关键作业工序安全管控。同时，要加快建成应急管理部门与辖区内化工园区和危险化学品企业联网的远程监控系统，全面提升危险化学品安全监管信息化水平，实现企业基础信息规范完整、监控信息随时调取、现场状况实时可视，督促危险化学品企业自觉做好安全生产各项工作。如浙江省绍兴市杭州湾上虞经济开发区共投资 7.5 亿元建设智慧化工园区，目前已建成集安全、环保、安防、能源、应急救援和公共服务六大系统的一体化大数据分析决策平台，实现区域内高风险企业 24 小时在线监控、环保数据实时采集监控。

（十一）加强专业人才培养

【原文】 >>>>>>

实施安全技能提升行动计划，将化工、危险化学品企业从业人员作为高危行业领域职业技能提升行动的重点群体。危险化学品生产企业主要负责人、分管安全生产负责人必须具有化工类专业大专及以上学历和一定实践经验，专职安全管理人员至少要具备中级及以上化工专业技术职称或化工安全类注册安全工程师资格，新招一线岗位从业人员必须具有化工职业教育背景或普通高中及以上学历并接受危险化学品安全培训，经考核合格后方能上岗。企业通过内部培养或外部聘用形式建立化工专业技术团队。化工重点地区扶持建设一批化工相关职业院校（含技工院校），依托重点化工企业、化工园区或第三方专业机构建立实习实训基地。把化工过程安全管理知识纳入相关高校化工与制药类专业核心课程体系。

【导读】>>>>>>

习近平总书记强调，要健全技能人才培养、使用、评价、激励制度，大力发展技工教育，大规模开展职业技能培训，加快培养大批高素质劳动者和技术技能人才。针对当前化工行业从业人员素质低、专业人才不足、培训院校少、化工人才培养课程设置不完善等问题，《意见》从加强专业人才培养方面提出实施安全技能提升行动计划、提高从业人员准入标准、完善职业教育培训体系3项重点工作任务。

1. 实施安全技能提升行动计划。我国正处于快速城镇化过程中，大量安全技能"零基础"的进城务工人员在高危行业就业。一些中小危险化学品企业自身没有培训能力，又舍不得投入经费送员工出去培训，不培训、假培训、低标准培训的问题突出，导致化工行业从业人员安全意识淡薄，安全生产知识和能力缺乏，成了很多事故的直接肇事者，同时也是伤亡最多的受害者。装备、管理、培训是企业安全生产工作"三大对策"，立法、执法、培训、保险是发达国家普遍公认的政府安全监管的"四大支柱"。由此可见，安全培训是防止"三违"行为，防范遏制生产安全事故的源头性、根本性举措。

2019年《国务院政府工作报告》明确提出实施

职业技能提升行动。2019年5月，国务院办公厅印发《职业技能提升行动方案（2019—2021年）》（国办发〔2019〕24号）明确提出，实施高危行业领域安全技能提升行动计划，化工、矿山等高危行业企业要组织从业人员和各类特种作业人员普遍开展安全技能培训，严格执行从业人员安全技能培训合格后上岗制度。为此，《意见》提出实施安全技能提升行动计划，将化工、危险化学品企业从业人员作为高危行业领域职业技能提升行动的重点群体。2019年10月，应急管理部、人力资源和社会保障部、教育部、财政部、国家煤矿安全监察局五部门联合下发《关于高危行业领域安全技能提升行动计划的实施意见》（应急〔2019〕107号），要求高危行业领域企业认真开展在岗员工安全技能提升培训，严把新员工安全技能培训关，强化班组长和各类特种作业人员的安全技能提升培训，将安全生产知识贯穿各类人员职业培训全过程。

2. 提高从业人员准入标准。长期以来，由于化工行业劳动强度大、工作环境差、安全风险高，对高技能人才吸引力不足，很多化工企业专业安全管理能力和技术团队力量不足。据统计，近年来全国石油和化工企业新增技术工人中，来自中职的毕业生占

48%，高职及以上22%，而没有经过专门培训的初中、高中毕业生高达30%。全国危险化学品生产企业实际控制人和主要负责人中有化工背景的只有30%左右，安全管理人员中有化工背景的不到50%。如在四川宜宾"7·12"重大爆炸着火事故中，企业车间副主任仅小学三年级毕业，2月入职6月就提升为车间副主任。江苏连云港"12·9"重大爆炸事故中，车间绝大部分操作工均为初中及以下文化水平，特种作业人员未持证上岗。

2011年由国家安全监管总局发布并于2015年修正的《危险化学品生产企业安全生产许可证实施办法》（国家安全监管总局令第41号）要求，企业分管安全负责人、分管生产负责人、分管技术负责人应当具有一定的化工专业知识或者相应的专业学历，专职安全生产管理人员应当具备国民教育化工化学类（或安全工程）中等职业教育以上学历或者化工化学类中级以上专业技术职称。一些地区探索出台了相关制度规定，如《山东省危险化学品企业安全治理规定》（鲁政办字〔2015〕259号）要求，企业主要负责人和分管安全、生产、技术的负责人，应当具有化工专业知识或者相应学历，其中至少有1人具有国民教育化学化工类别专科以上学历，并有3年以上化工行业从业经历。专职安全生产管理人员应当具备国民教育化学化工或者安全工程、安全管理等相关专业中等职业教育以上学历或者化学化工类中级以上专业技术职称，或者具备危险物品安全类注册安全工程师资格，并有从事化工生产相关工作2年以上经历。

对此，《意见》针对危险化学品企业主要负责人、分管负责人、安全管理人员和一线从业人员没有专业背景，缺乏工作经验，提出危险化学品企业从业人员具体准入标准：对于危险化学品生产企业主要负责人和分管安全生产的负责人，必须具有化工类专业大专及以上学历和一定的实践经验；对于专职安全管理人员，必须具备中级及以上化工专业技术职称或化工安全类注册安全工程师资格；对于新招录的一线岗位从业人员，必须具有化工职业教育背景或普通高中及以上学历，并且接受危险化学品安全培训，经过考试合格方能上岗。

此外，《意见》还要求企业通过内部培养或外部聘用形式建立化工专业技术团队。对于大中型化工企业，主要以内部培养的形式，通过内部培训、以师带徒、校企合作、委托培养等方式，培养高素质化工与安全专业人才，建立专业技术团队。对于小微型化工企业，可以采取外部聘用的形式，委托安全生产技术服务机构、同行业先进企业或安全技术专家建立专业技术团队，为企业提供化工安全管理和技术服务。

3. 完善职业教育培训体系。近年来，高素质产业工人培养滞后于化工产业的高速发展，专业人才"真空地带"由不具备专业能力的人员填补。再加上危险化学品生产安全事故频发，导致年轻人不愿学化工、干化工，给打造高素质产业工人队伍带来更大挑战。《改革发展意见》提出，把安全知识普及纳入国民教育，建立完善中小学安全教育和高危行业职业安全教育体系。为此《意见》对完善化工行业教育培训体系提出了具体要求。

一是建设一批化工职业院校。目前全国职业教育学校年供化工行业毕业生不足10万人，而化工行业规模以上企业近3万家，即便所有毕业生均选择化工企业就业，平均每家也只能分到3个毕业生，远远不能满足需要。因此，各地区要积极落实《关于加强化工安全人才培养工作的指导意见》（教高〔2014〕4号），化工重点地区特别是新兴化工行业发展较快的地区要扶持建设一批包括技工院校在内的化工职业院校，根据人才需求扩大化工专业招生规模，引导化工企业招生与招工结合，实行校企联合招生、联合培养。推动大型职业院校在危险化学品企业聚集地区设立分校，鼓励行业大型企业开办、中小型企业参与建设化工职业院校。

二是建立实习实训基地。目前，我国化工专业人才培养缺乏实践性、创新性，学校培养的学生与企业需求不匹配的现象较为突出。一些刚毕业的化工专业学生，上手实操生疏，既不会使用机泵等化工设备，也不清楚化工物料属性，要花大量时间培训专业技能。因此，化工重点地区要加大政策引导力度，依托化工重点企业、化工园区、职业院校或培训机构等第三方专业机构，建设一批集实践教学、安全培训、专业实训、鉴定考核、资格认证等功能为一体的高水平实习实训基地。基地建设要贴近危险化学品生产实际，适应装置大型化、工艺复杂化、生产自动化的要求。

三是把安全知识纳入专业课程体系。发达国家化工高等院校大多专门设立化工安全课程，但我国大部分的化工高校和专科学校只教授生产技术和工艺，较少涉及安全生产方面的内容。目前，全国设有化工专业的高校有近500所，但设有化工安全专业的高校只有6所，每年招生人数仅百余人。而且化工专业基础课程缺乏拓展性、完整性、创新性、实践应用性，实践课程与课时相对较少、内容单一、缺乏综合设计与理论实验。因此,《意见》要求把化工过程安全管理知识纳入相关高等院校化工与制药类专业核心课程体系,将安全知识教育细化到具体课程和教学环节,将安全意识培养融入教学全过程。

(十二)规范技术服务协作机制

【原文】>>>>>>

加快培育一批专业能力强、社会信誉好的技术服务龙头企业,引入市场机制,为涉及危险化学品企业提供管理和技术服务。建立专家技术服务规范,分级分类开展精准指导帮扶。安全生产责任保险覆盖所有危险化学品企业。对安全评价、检测检验等中介机构和环境评价文件编制单位出具虚假报告和证明的,依法依规吊销其相关资质或资格;构成犯罪的,依法追究刑事责任。

【导读】>>>>>>

危险化学品安全生产涉及诸多行业领域,具有很强的专业性、技术性。无论是政府有关部门的安全监管执法,还是生产经营单位的安全生产工作,都离不开专业技术服务体系的支撑和保障。但当前危险化学品安全生产技术服务体系存在力量不足、能力不强、行为不规范、机制不完善、管理不严格等问题,有的社会化服务机构弄虚作假、租借资质、违法挂靠、违规收费等,破坏了正常的市场秩序。按照政策引导、部门推动、市场运作的原则,《意见》从加强技术服务供给、规范专家技术服务、推行安全生产责任保险、严格追究违法违规行为4个方面对规范技术服务协作机制提出工作要求。

1.加强技术服务供给。安全生产技术服务机构是政府安全监管和企业安全管理工作的重要支撑力量。目前来看,存在机构力量单一、技术水平薄弱、整体规模偏小、服务供给不足等问题。对此,《意见》提出以下措施。

一是培育一批技术服务龙头企业。以满足需求为导向,以加强供给为目标,加快培育一批有影响力的技术服务品牌机构,鼓励技术水平高、专业能力强、社会信誉好的技术服务机构做大做强。通过兼并、联合、重组等方式,组建安全生产技术服务龙头企业,建立多功能综合性危险化学品安全技术服务主体。

二是做好管理和技术服务。全面落实《国务院安全生产委员会关于加快推进安全生产社会化服务体系建设的指导意见》(安委〔2016〕11号),充分发挥市场在资源配置中的决定性作用,营造有利于安全技术服务产业发展的市场环境，建立主体多元、覆盖全面、综合配套、机制灵活、运转高效的技术服务体系，积极为危险化学品企业提供检测检验、安全评价、技术咨询、事故分析鉴定等专业技术服务。

2. 规范专家技术服务。2019年，国务院安委办印发《关于开展危险化学品重点县专家指导服务工作的通知》（安委办〔2019〕1号），组织对53个危险化学品重点县开展为期三年的专家指导服务。各地区以此为契机，组织专家对本地区危险化学品企业开展技术服务，取得良好成效。但由于各地专家技术水平不同、服务标准不一，面对诸多类型和数量的危险化学品企业，一些地方存在专家服务不够深入、不够专业等问题。对此，《意见》提出以下措施。

一是要建立危险化学品安全专家技术服务规范。对专家技术服务的内容、形式、程序、效果评估以及专家费发放、综合保障等事项提出统一要求；对危险化学品安全专家技术服务行为进行全过程管理和规范，确保专家技术服务的质量和效果。

二是分级分类开展精准指导帮扶。按照《危险化学品生产储存企业安全风险评估诊断分级指南（试行）》（应急〔2018〕19号）对危险化学品企业进行安全风险评估诊断分级，排查识别存在重大安全风险和隐患的重点企业，对危险化学品重点地区、重点企业分级分类开展精准指导帮扶，组织专家深入指导重点企业细致排查风险隐患、督促企业整改安全隐患和薄弱环节，树立危险化学品安全生产标杆企业，以点带面全面提升危险化学品安全生产水平。例如，大连市自2015年开始，由市政府购买第三方服务，每季度对重点危化企业进行安全诊断、量化评估，累计已对38家企业开展了14轮安全诊断检查，共检查出问题隐患4222项。经多轮指导服务，各企业专业管理能力明显提高。

3. 推行安全生产责任保险。安全生产责任保险制度（简称安责险）在国外是一项成熟的保险制度，具有风险转嫁能力强、事故预防能力突出、注重应急救援和第三者伤害补偿等特点，对维护生命财产安全作用明显。《改革发展意见》要求，建立健全安全生产责任保险制度，在矿山、危险化学品、烟花爆竹、交通运输、建筑施工、民用爆炸物品、金属冶炼、渔业生产等高危行业领域强制实施，切实发挥保险机构参与风险评估管控和事故预防功能。2017年，国家安全监管总局、保监会、财政部印发《安全生产责任保险实施办法》（安监总办〔2017〕140号），对在危险化学品等领域强制实施安全生产责任保险作出具体安排。因此,《意见》进一步强调实现安全生产责任保险覆盖所有危险化学品企业。一是在事故发生后,对事故造成的从业人员和第三方伤亡进行赔偿,为企业提供风险保障。二是可以运用差别费率和浮动费率的杠杆作用,推动企业加强安全管理,改善现场作业环境。三是可以发挥安责险在安全生产社会化服务方面的纽带作用,建立保险机构和技术服务机构事故预防合作机制。保险机构要按照《安全生产责任保险实施办法》《安全生产责任保险事故预防技术服务规范》要求,依托自身技术力量或委托专业安全服务机构,聘请安全生产专家对危险化学品企业开展安全风险评估和事故预防,帮助企业提高安全生产水平和保障能力。

4. 严厉打击中介机构违法违规行为。目前,公开、透明、有序的社会化服务市场尚未完全形成,部分安全和环保技术服务机构从业行为不规范,违法出具虚假报告等问题时有发生。天津港"8·12"特别重大火灾爆炸事故调查中发现,多个技术服务机构弄虚作假,违法违规进行安全审查、评价、验收,致使不具备安全生产条件的瑞海公司堆场改造项目通过审查。江苏响水"3·21"特别重大爆炸事故中,安全评价、环境评价等中介服务机构严重违法违规,出具虚假失实评价报告，隐瞒事故企业硝化废料重大安全风险和事故隐患，干扰误导有关部门的监管工作。对此，《意见》提出要严厉打击中介机构违法违规行为。各级应急管理部门和相关主管部门要严格监管安全评价、环境评价等技术服务机构，将技术服务机构纳入执法计划，开展随机抽查和专项检查，加强生产安全事故调查中技术服务机构的责任追究，严厉惩处违法违规行为。对安全评价、环境评价、检测检验等中介机构出具虚假报告和证明的，依法依规吊销其相关资质或资格，对事故负有责任的机构和人员依法实施行业禁入和职业禁入，构成犯罪的要依法追究刑事责任。

（十三）加强危险化学品救援队伍建设

【原文】>>>>>>

统筹国家综合性消防救援力量、危险化学品专业救援力量，合理规划布局建设立足化工园区、辐射周边、覆盖主要贮存区域的危险化学品应急救援基地。强化长江干线危险化学品应急处置能力建设。加强应急救援装备配备，健全应急救援预案，开展实训演练，提高区域协同救援能力。推进实施危险化学品事故应急指南，指导企业提高应急处置能力。

【导读】>>>>>>

应急救援是安全生产的最后一道防线，对维护人民群众生命安全、降低事故损失具有重要作用。危险化学品具有易燃易爆、有毒有害等特性，一旦发生事故很容易造成群死群伤。加强危险化学品应急救援队伍建设，提高危险化学品生产安全事故应急救援能力，对于有效防范重特大危险化学品生产安全事故，减少人民生命财产损失，具有重要作用。针对危险化学品应急救援工作，《意见》提出强化应急救援力量、提高应急救援能力、提高企业应急处置能力3项任务。

1. 强化应急救援力量。习近平总书记在中央政治局第十九次集体学习时强调，要加强应急救援队伍建设，建设一支专常兼备、反应灵敏、作风过硬、本领高强的应急救援队伍。要坚持少而精的原则，打造尖刀和拳头力量，按照就近调配、快速行动、有序救援的原则建设区域应急救援中心。《意见》对于强化应急救援力量提出以下要求。

一是合理规划布局应急救援基地。我国安全生产应急救援体系建设起步较晚，山东青岛"11·22"输油管道泄漏爆炸特别重大事故、天津港"8·12"特别重大火灾爆炸事故等，都暴露出大型应急救援基地建设滞后，队伍专业化、职业化、现代化水平不高，布局不合理等问题，尤其是危险化学品应急救援体系还不健全。"十三五"期间，全国规划建设18个危险化学品应急救援队、6个油气管道应急、救援队和2个危险化学品应急救援实训演练基地。要继续强化危险化学品应急救援力量建设，开展国家和区域危险化学品应急救援力量需求评估。针对现有救援力量难以覆盖的区域，统筹国家综合性消防救援力量和危险化学品专业救援力量，合理规划和调整优化危险化学品应急救援队伍建设，建设一批立足园区、辐射周边、覆盖主要贮存区域的国家级危险化学品应急救援基地。推进区域性危险化学品应急救援队伍和危险化学品生产储运企业应急救援队伍建设，提高快速应急处置能力及重特大危险化学品生产安全事故应急救援能力。

二是强化长江干线应急处置能力。长江经济带横跨我国中东西三大区域，覆盖11个省市，面积占全国的21.4%，人口和生产总值占全国40%以上。推动长江经济带发展，是以习近平同志为核心的党中央作出的重大决策，是关系国家发展全局的重大战略。长江经济带上化工企业鳞次栉比，重化工业产量就占全国46%左右。通过长江运输的危险化学品超过250

种，一旦发生生产安全事故或泄漏事故不仅会造成重大伤亡，还会严重污染长江生态环境，造成巨大经济损失和生态灾难。针对危险化学品应急救援能力严重不足的现状，《意见》要求强化长江干线危险化学品应急处置能力。主要是加强长江干线危险化学品应急救援队伍建设，进一步强化应急救援力量，建立完善危险化学品应急救援体系，提升应急处置能力。

2. 提高应急救援能力。习近平总书记在中央政治局第十九次集体学习时强调，要强化应急救援队伍战斗力建设，抓紧补短板、强弱项，提高各类灾害事故救援能力。针对部分地区危险化学品应急预案实用性、可操作性不强，应急演练面向基层、贴近实战不够，应急救援装备种类不全、数量不够，区域应急协同联动机制不完善、运转不畅等问题，《意见》要求提高危险化学品应急救援能力。

一是加强应急救援装备配备。国家危险化学品应急救援基地要着眼应对重特大、复杂事故需要，加快推进应急救援关键装备轻型化、智能化、模块化建设，重点加强国际先进、安全可靠、机动灵活、实用性强的专业救援设备装备。区域危险化学品应急救援队伍要充分考虑企业风险状况、危险化学品种类、事故类型等因素，调整、优化装备配备布局，补充完善承担生产安全事故救援任务所必需的救援车辆以及侦测搜寻、抢险救援、通信指挥、个人防护等装备器材。

二是做好预案编制和实训演练。各地要按照《生产安全事故应急条例》（中华人民共和国国务院令第708号）和《生产安全事故应急预案管理办法》（应急管理部令第2号）要求，在危险化学品生产安全事故风险评估和应急资源调查的基础上开展预案修订优化工作，完善应急预案体系，提高预案的针对性、实用性和可操作性。积极组织危险化学品应急救援专业实训，推动专业救援实训工作常态化、制度化、规范化，提高专业救援队伍的组织指挥和处置技能。吸取国内外重特大生产安全事故教训，按照要求定期组织开展有针对性的实战演练，完善应急演练评估改进和预案修订机制，切实提高演练实效。

三是提高区域协同救援能力。在组织跨地区危险化学品生产安全事故救援过程中，需要组织动员大量的人力、物力、财力。针对各地区、各部门和救援队伍存在各自为战的现象，借鉴各地探索实践，《意见》提出提高区域协同救援能力。推进环渤海、长三角、珠三角、西部地区、东北地区等应急协调联动机制建设，有效整合和共享区域内应急资源，建立完善信息通报、决策会商、指挥调度和联合处置机制，提高区域协同响应效率和救援能力。如京津冀地区先行先试，建成安全生产区域一体化应急网络，实现重特大生产安全事故风险区域预测预警，应急救援统一调度、联合处置、力量互补、信息共享。

3. 提高企业应急处置能力。危险化学品生产安全事故发生后，从业人员能否第一时间正确处置、及时避险，企业能否迅速有效组织救援，直接决定了救援行动的成败和事故的危害程度。从山东青岛"11·22"输油管道泄漏爆炸特别重大事故、天津港"8·12"特别重大火灾爆炸事故等应急处置来看，如果企业能在第一时间及时应对和正确处置事故，可以大大减少人员伤亡和经济损失。河北省大名县福泰生物科技有限公司"4·1"较大中毒事故则是在1人中毒后，救援人员在无任何防护措施情况下盲目施救，造成事故伤亡扩大，最终导致3人死亡、3人受伤。因此，提高企业应对处置事故能力显得万分急迫。

为指导危险化学品企业做好事故应急准备，提高应急处置能力，应急管理部办公厅印发了《危险化学品企业生产安全事故应急准备指南》（以下简称《指南》，应急厅〔2019〕62号），对企业应急准备的思想理念、组织与职责、法律法规、风险评估、预案管理、监测与预警、教育培训与演练、值班值守、信息管理、装备设施、救援队伍建设、应急处置与救援、应急准备恢复、经费保障等方面提出详细的要求。各级应急管理部门要切实做好《指南》实施工作，加强宣传教育，指导企业全面掌握有关要求，认真做好危险化学品生产安全事故应急准备工作。危险化学品企业要准确理解和认真落实《指南》各项要求，针对本企业安全风险特点，全面加强应急准备，建立完善应急管理机构和专兼职应急救援队伍，在风险评估的基础上，科学编制应急预案，储备应急物资装备，加强应急培训演练，切实做好值班值守和应急处置救援，提高事故应急处置能力，实现"救早救小"。

第六章 强化安全监管能力

本章从完善监管体制机制、健全执法体系、提升监管效能3个方面,对强化安全监管能力提出要求。

(十四)完善监管体制机制

【原文】 >>>>>>

将涉恐涉爆涉毒危险化学品重大风险纳入国家安全管控范围,健全监管制度,加强重点监督。进一步调整完善危险化学品安全生产监督管理体制。按照"管行业必须管安全、管业务必须管安全、管生产经营必须管安全"和"谁主管谁负责"原则,严格落实相关部门危险化学品各环节安全监管责任,实施全主体、全品种、全链条安全监管。应急管理部门负责危险化学品安全生产监管工作和危险化学品安全监管综合工作;按照《危险化学品安全管理条例》规定,应急管理、交通运输、公安、铁路、民航、生态环境等部门分别承担危险化学品生产、贮存、使用、经营、运输、处置等环节相关安全监管责任；在相关安全监管职责未明确部门的情况下，应急管理部门承担危险化学品安全综合监督管理兜底责任。生态环境部门依法对危险废物的收集、贮存、处置等进行监督管理。应急管理部门和生态环境部门以及其他有关部门建立监管协作和联合执法工作机制，密切协调配合，实现信息及时、充分、有效共享，形成工作合力，共同做好危险化学品安全监管各项工作。完善国务院安委会工作机制，及时研究解决危险化学品安全突出问题，加强对相关单位履职情况的监督检查和考核通报。

【导读】 >>>>>>

习近平总书记强调，要在体制机制上认真考虑如何改革和完善，如果顶层设计存在监管盲区，不完善，就会造成问题。党的十九届四中全会提出，要健全部门协调配合机制，深化行政体制改革。危险化学品作为国民经济最基本的生产生活资料，按照生命周期划为生产、储存、使用、经营、运输、废弃处置等多个环节，广泛应用于化学化工、医药卫生、采矿能源、农业食品、科研教育等诸多行业领域。危险化学品安全监管有其特有的复杂性，监督管理职能涉及

20多个部门，危险化学品领域生产安全事故频发暴露出监管存在盲区。本条围绕完善危险化学品监管体制机制进行了顶层设计，主要提出纳入国家安全管控，调整完善危险化学品安全监管体制，建立健全监管执法工作机制3个方面措施任务。

1. 将涉恐涉爆涉毒的危险化学品重大风险纳入国家安全管控范围。当前，化学恐怖不断"隐形变异"，新型毒品层出不穷，已对公共安全乃至国家安全构成严重威胁。在涉恐危险化学品方面，化学恐怖袭击属非传统手段袭击，实施方式多样、隐蔽性强、危害影响大、处置难度大、恐怖效应大、次生灾害难预测，是恐怖组织图谋制造大规模恐怖事件的重要选择。在涉爆危险化学品方面，我国易制爆危险化学品非法流失、非法邮寄等问题隐患日益突出，不法分子利用易制爆危险化学品实施个人极端暴力犯罪的案件时有发生。在涉毒危险化学品方面，化学合成毒品种类不断增多，新型化学毒品尤其是兴奋、致幻和麻醉效果更强的新精神活性物质不断涌现。目前，我国已列管易制毒化学品32种，每年进口易制毒化学品逾450万吨。2018年，全国共有吸毒人员240.4万人，无业人员约占70%。毒品犯罪组织化、暴力化、武装化特点凸显，毒品滥用引发的盗抢、暴力、毒驾等案件的发生，严重危害社会治安和公共安全。

国家安全是国家生存发展最基本最重要的前提，保证国家安全是治国理政的基本目标。党的十八大以来，党中央高度重视国家安全工作，成立了中央国家安全委员会，提出了总体国家安全观，颁布了新的《国家安全法》，明确了国家安全战略方针和总体部署。鉴于涉恐涉爆涉毒危险化学品已构成重大风险，严重威胁公共安全和国家安全，亟须建立化学品大安全战略思维，从国家安全的高度予以审视，立足个别风险、综合风险、局部风险和全局风险，协调和解决纷繁复杂的系统问题。对此，《意见》提出将涉恐涉爆涉毒的危险化学品重大风险纳入国家安全管控范围。各级党委和政府应当认真贯彻落实总体国家安全观，健全相关监管制度，落实有关部门监管责任，加强涉恐涉爆涉毒的危险化学品监督管理，严格管控化学品重大安全风险，切实维护公共安全和国家安全。

2.调整完善危险化学品安全监管体制。新中国成立以来，随着我国经济体制不断变革，安全生产监管体制不断变化，安全生产责任制不断完善，安全监管能力也不断提升。但是，涉及危险化学品安全监管的链条长、环节多，由于我国的安全监管体制历经多次变革，部门监管职能交叉、存在漏洞，没有形成系统化的监管体系，造成危险化学品安全监管力量短缺、危险化学品安全全链条管理存在薄弱环节。

按照习近平总书记"坚持管行业必须管安全、管业务必须管安全、管生产经营必须管安全"重要指示精神，《意见》对调整完善危险化学品安全监管体制提出具体要求，严格落实相关部门危险化学品各环节安全监管责任，实施全主体、全品种、全链条安全监管。

首先，要严格落实相关部门监督管理责任。《安全生产法》赋予了所有负有安全监管职责部门行政执法权。《意见》明确按照"三个必须"和"谁主管谁负责"的原则，严格落实相关部门危险化学品各环节安全监督管理责任，实施全主体、全品种、全链条安全监督管理。其中，全主体是指包括党委、政府、监管部门、企业、科研院所、社会团体等涉及危险化学品安全的所有主体；全品种是指包括涉及危险化学品的全部2800多个品种；全链条是指包括危险化学品生产、贮存、使用、经营、运输、处置等各个环节。

同时，进一步明确相关部门危险化学品安全监管责任。一是明确应急管理部门负责危险化学品安全生产监管工作和危险化学品安全监管综合工作；明确应急管理、交通运输、公安、铁路、民航、生态环境等部门分别承担危险化学品生产、贮存、使用、经营、运输、处置等环节的相关安全监管责任；在相关安全监管职责未明确部门的情况下，应急管理部门承担危险化学品安全综合监管兜底责任，防止出现监管漏洞和盲区。二是明确生态环境部门依法对危险废物的收集、贮存、处置等进行监督管理。江苏响水"3·21"特别重大爆炸事故就暴露出有关部门未认真履行危险废物监管职责，在开展危险废物污染防治过程中，没有同步履行安全生产工作职责。《固体废物污染环境防治法》第六十二条规定，产生、收集、贮存、运输、利用、处置危险废物的单位，应当制定意外事故的防范措施和应急预案，并向所在地县级以上地方人民政府环境保护行政主管部门备案；环境保护行政主管部门应当进行检查。

3. 建立健全监管执法工作机制。危险化学品安全监督管理涉及诸多部门，难免出现职责交叉、重复执法等情况。对一个危险化学品企业进行全面检查执法，则需多个部门多次执法，监管执法效能较低，也给企业带来较重负担。江苏响水"3·21"特别重大爆炸事故反映出相关部门安全监管执法信息不共享，联合打击企业违法行为机制不健全，缺乏有力的沟通协调机制，没有形成政府监管合力等问题。

十九届四中全会提出，进一步整合行政执法队伍，继续探索实行跨领域跨部门综合执法，推动执法重心下移，提高行政执法能力水平。《改革发展意见》提出，建立有力的危险化学品安全监管协调联动机制，消除监管空白。对此，《意见》对建立健全监管执法工作机制提出具体要求。

一是建立监管协作和联合执法工作机制。主要是应急管理部门和生态环境部门以及其他有关部门要建立监管协作和联合执法工作机制，在监管执法中密切协调配合、形成合力，加快实现部门间信息系统互联互通，在信息上实现及时、充分、有效共享，确保各部门相互支持，共同做好危险化学品安全监管各项工作。

二是完善国务院安委会工作机制。一方面，加强组织领导和统筹协调，及时分析危险化学品安全生产形势，指导危险化学品安全监管工作，研究解决危险化学品安全突出问题。另一方面，发挥好国务院安委会指导协调、监督检查、巡查考核职能，加强对相关部门单位履职情况的监督检查和考核通报。

（十五）健全执法体系

【原文】>>>>>>

建立健全省、市、县三级安全生产执法体系。省级应急管理部门原则上不设执法队伍，由内设机构承担安全生产监管执法责任，市、县级应急管理部门一般实行"局队合一"体制。危险化学品重点县（市、区、旗）、危险化学品贮存量大的港区，以及各类开发区特别是内设化工园区的开发区，应强化危险化学品安全生产监管职责，落实落细监管执法责任，配齐配强专业执法力量。具体由地方党委和政府研究确定，按程序审批。

【导读】>>>>>>

习近平总书记在中央政治局第十九次集体学习时强调，要坚持依法管理，运用法制思维和法制方式提高应急管理的法制化、规范化水平。目前，我国危险化学品安全监管体系与产业快速发展的要求极不适应。地方各级应急管理部门及其执法队伍是地方政府履行危险化学品安全监管责任的主体。完善省、市、县三级安全执法体系，加强基层监管队伍建设，对于强化危险化学品安全监管与执法具有重要意义。本条重点从建立健全省、市、县三级安全生产执法体系、强化基层危险化学品监管体系两个方面提出要求。

1. 建立健全省、市、县三级安全生产执法体系。当前，全国已初步建立了省、市、县三级安全生产执法体系，但地区差异性较大。有的在应急管理部门内设机构负责执法工作，有的由负责安全监管的业务处室负责执法工作，有的设立直属执法队伍（事业编制）开展执法工作。在应急管理体制改革的大背景下，安全生产执法机构改革缺乏统一指导，有的地区甚至机构被撤销、力量被摊薄。

根据《深化党和国家机构改革方案》，中共中央办公厅、国务院办公厅先后印发了深化文化市场、农业、市场监管、交通运输、生态环境保护等行业领域的综合行政执法改革的指导意见，均要求省级原则上不设执法队伍，市、县两级实行"局队合一"，主要承担综合执法职能。为此，《意见》对建立健全省、市、县三级安全生产执法体系提出具体要求，省级应急管理部门原则上不设执法队伍，由其内设机构承担安全生产监管执法责任；市、县级应急管理部门一般实行"局队合一"体制，具体由地方党委和政府研究确定。

2. 强化基层危险化学品监管体系。自1999年机构改革20年来，基层危险化学品安全监管力量和技术力量薄弱的问题一直存在。据统计，省市级应急管理部门平均只有3~4名危险化学品专业监管人员，区县一级平均不到2名专业监管人员。

目前，全国共有 800 余个化工园区，规划布局不合理、配套设施不健全、入园门槛低、安全隐患多、专业监管能力不足等问题在一些园区仍然存在，已经形成系统性风险。习近平总书记在中央政治局常委会第 127 次会议上强调，要强化开发区、工业园区、港区等功能区安全监管。《改革发展意见》要求，完善各类开发区、工业园区、港区、风景区等功能区安全生产监管体制，明确负责安全生产监督管理的机构。因此，《意见》对强化危险化学品重点县（市、区、旗）、危险化学品贮存量大的港区，以及各类开发区（特别是内设化工园区的）等基层危险化学品监管体系提出要求。

一是要强化和落实监管责任。主要是明确和落实各级党委、政府、各相关部门监管责任，切实消除监管责任漏洞和盲区。危险化学品重点县应建立危险化学品安全专职执法队伍，开发区、工业园区等功能区设置或派驻安全监管执法队伍，并将执法责任细化并落实到每个部门、每个科室、每支执法队伍、每个执法人员，落实落细监管执法责任。

二是要配齐配强专业执法力量。根据本地区化工产业规模、企业数量、风险等级等实际情况，配备足够的专业监管执法人员。目前，国家层面对基层危险化学品专业监管人员数量尚无统一的标准。地方政府机构及三定规定由本级党委和政府决定,对此,《意见》明确此项任务具体由地方党委和政府研究确定,并按照程序审批后施行。例如,江苏响水"3·21"特别重大爆炸事故后,《江苏省化工产业安全环保整治提升方案》明确要求,化工监管任务重的设区市应建立不少于20人、化工重点县应建立不少于10人的危险化学品安全监管执法队伍,各类生产性园区都应单独设立安全监管机构,专业监管人员配比不低于在职人员的75%。江西、安徽等地区要求国家级功能区和化工园区设立或派驻安全生产监管机构,配备专职人员。

(十六)提升监管效能

【原文】 >>>>>>

严把危险化学品监管执法人员进人关,进一步明确资格标准,严格考试考核,突出专业素质,择优录用;可通过公务员聘任制方式选聘专业人才,到2022年年底具有安全生产相关专业学历和实践经验的执法人员数量不低于在职人员的75%。完善监管执法人员培训制度,入职培训不少于3个月,每年参加为期不少于2周的复训。实行危险化学品重点县

(市、区、旗)监管执法人员到国有大型化工企业进行岗位实训。深化"放管服"改革,加强和规范事中事后监管,在对涉及危险化学品企业进行全覆盖监管基础上,实施分级分类动态严格监管,运用"两随机一公开"进行重点抽查、突击检查。严厉打击非法建设生产经营行为。省、市、县级应急管理部门对同一企业确定一个执法主体,避免多层多头重复执法。加强执法监督,既严格执法,又避免简单化、"一刀切"。大力推行"互联网+监管"、"执法+专家"模式,及时发现风险隐患,及早预警防范。各地区根据工作需要,面向社会招聘执法辅助人员并健全相关管理制度。

【导读】>>>>>>

党的十九届四中全会提出,提高行政执法能力水平,严格安全监管,加强违法惩戒。针对基层安全监管执法人员专业能力不强,缺乏有针对性的专业培训,安全监管执法不严格、不规范等问题,《意见》要求从提高监管执法人员专业能力、完善监管执法人员培训制度、创新监管执法机制、严格规范执法、补充执法辅助人员 5 个方面提升监管效能。

1. 提高监管执法人员专业能力。我国基层危险化学品安全监管执法人员专业能力不强，危险化学品种类繁多、特性各异，存在执法人员到现场不会查、发现不了问题的情况。《改革发展意见》要求，严格监管执法人员资格管理，制定安全生产监管执法人员录用标准，提高专业监管执法人员比例。建立健全安全生产监管执法人员凡进必考、入职培训、持证上岗和定期轮训制度。对此，《意见》对提高监管执法人员专业能力提出明确要求。

一是严把监管执法人员准入关口。发达国家对安全监管执法人员有很高的要求。如美国矿山安全监察人员必须具有5年以上矿山工作经验、接受国家职业安全健康学院培训、再实习1年后方可上岗执法。借鉴发达国家先进经验，《意见》要求严把监管执法人员准入关口。首先，要制定安全生产监管执法人员录用标准，必须取得化工安全相关专业学历，或者具有一定相关现场工作经验才有资格录用为危险化学品安全监管执法人员。其次，要依据相关规定严格考试考核，突出专业素质和能力，按程序择优录用。

二是提高专业监管执法人员比例。当前，我国基层安全监管执法专业人员不足的问题突出。《国务院办公厅关于加强安全生产监管执法的通知》（国办发〔2015〕20号）提出，强化安全生产基层执法力量，对安全生产监管人员结构进行调整,3年内实现专业监管人员配比不低于在职人员的75%。据统计,全国危险化学品安全监管人员中具备化工专业背景的仅占17.8%,800多个化工园区具有化学化工专业背景的监管人员仅653人,平均每个园区不到1人。即使是化工大省江苏,专业监管执法人员比例仅为40.4%。山东共有危险化学品生产企业1900余家、经营企业2万余家,但部分市县专业监管人员仅有2~3人,园区安全监管人员仅有1~2人。对此,《意见》再次要求提升专业执法人员比例,地方党委和政府要切实将执法力量向基层和一线倾斜,优化执法人员配置和专业力量配备,到2022年年底具有安全生产相关专业和实践经验的执法人员数量不低于在职人员的75%。

由于应急管理部门压力大,对专业人才吸引力不强,而且行政编制有限,难以在短时间内大幅提高专业执法人员比例。因此,《意见》提出可通过公务员聘任制的方式选聘专业人才。《公务员法》第一百条规定,机关根据工作需要,经省级以上公务员主管部门批准,可以对专业性较强的职位和辅助性职位实行聘任制。人力资源和社会保障部批准的全国聘任制公务员制度试点城市深圳,在2007年和2009年分两批招聘了53名聘任制公务员。目前这一机制已经在各地区、各部门普遍施行。例如2015年，北京市和江苏省泰兴市均面向社会招聘了聘任制公务员，分别担任危险化学品集中管理体系信息化建设高级主管和化工安全监督管理主管。

三是完善监管执法人员培训制度。2002年，国家安全监管局出台的《安全生产监察员培训大纲》规定，安全生产行政执法人员入职培训总课时不少于80学时，年度轮训不少于24学时。但这一标准已经不能满足当前危险化学品安全专业监管执法的需要。一些地区也出台相关政策，对监管执法人员培训提出要求，但培训方式、时间各不相同，而且对培训时间的要求也比较短。对此，《意见》对安全监管执法人员入职培训、定期轮训提出统一要求，在入职环节要接受不少于3个月的入职培训，满足专业化监管执法的需要；上岗以后每年要接受不少于2周的专业复训，及时更新相关法规标准和专业知识。

为解决危险化学品监管人员专业监管能力不足等问题，一些地区已先行先试。例如，2019年广东省应急管理厅以提升危险化学品监管专业能力为重点，实施共8期的监管人员培训项目，取得了良好的效果。对于危险化学品重点县（市、区、旗）监管执法人员，由于执法任务更重，对专业能力要求更高，需要到国有大型化工企业进行岗位实训，提高现场经验和专业水平。例如，2018年9月，广西钦州安全生产监督管理局出台了《钦州市安全生产监督管理局与监管企业互派干部挂职锻炼工作制度》（试行），通过派监管执法人员到企业跟班学习锻炼和从企业抽调专业技术人员到安监部门挂职，充实监管力量，弥补安监部门人手不足特别是专业技术力量缺乏问题。监管执法人员有了企业的实际工作经历后，对企业的问题了解更加全面，需求掌握更加充分，指导服务更加到位，实现了监管能力的提升。

2.完善监管执法机制。监管执法是推动企业落实安全生产主体责任，减少违法违规行为的重要手段。当前我国安全生产监管执法仍然存在责任不明确、制度不健全、程序不规范、机制不完善等问题。对此，《意见》对完善监管执法机制提出具体要求。

一是加强和规范事中事后监管。《国务院关于"先照后证"改革后加强事中事后监管的意见》（国发〔2015〕62号）提出，创新监管方式，构建权责明确、透明高效的事中事后监管机制。对此，《意见》提出要深化"放管服"改革，加强事中事后监管。各地区要认真研究确定取消、下放和移交的行政许可事项,对确需取消下放移交的,不能一放了之,要创新相关监管机制,加强和规范事中事后监管,确保行政许可取消、下放、移交后标准不降低、管理不放松。

二是实施分级分类动态严格监管。危险化学品作为高危领域,是安全生产工作的重中之重,《意见》要求必须定期对涉及危险化学品的企业进行全覆盖监管执法。同时,各地区要根据安全生产实际及事故规律特点,突出重点区域、重点企业、重点时段、重点环节,分级分类科学安排执法计划,加强现场精准执法。所谓分类,是指根据生产经营单位危险性质的不同,划分不同的行业或者领域类别。所谓分级,是指根据生产经营单位存在的可能引发生产安全事故的风险程度,对其进行等级评估,确定风险等级。对安全风险较低、管理较好的企业,减少执法频次;对安全风险较高、管理差的企业,加大执法频次,进行重点执法。同时,对于非法生产经营建设行为,要严格执法、严厉打击。

三是推行"两随机、一公开"。2015年7月,国务院办公厅发布《关于推广随机抽查规范事中事后监管的通知》(国办发〔2015〕58号),要求在市场监管领域推广"两随机、一公开"监管。《意见》提出按照"四不两直"的要求,运用"两随机、一公开"进行重点抽查、突击检查。"两随机"即指随机抽取检查对象、随机选派执法检查人员,"一公开"指抽查情况及查处结果及时向社会公开。需要说明的是,危险化学品领域的"两随机、一公开"执法检查工作,应在同一风险等级进行。根据安全风险等级的不同来确定执法检查频次,风险越高的执法频次越高。

四是明确执法主体。《改革发展意见》要求,明确每个生产经营单位安全生产监督和管理主体。但有的地区仍然层层重复监管执法,给企业造成沉重负担;有的地区层层下放监管责任,而基层专业执法力量薄弱,难以实现有效监管。对此,《意见》按照网格化管理的思路,要求省、市、县级应急管理部门对同一企业确定一个执法主体,切实落实监管执法责任。

五是严格规范监管执法。当前,一些基层监管执法人员执法不严、执法不公,还有一些基层监管部门执法简单,存在"一刀切"的问题。例如,江苏省某市2018年检查执法3162家企业,事前立案1027件,罚款金额1253.7万元,但事前检查单次执法处罚额仅有1.22万元,重点行业化工检查执法事前立案数仅91件，不到事前立案的10%。《改革发展意见》对规范监管执法行为、完善执法监督机制提出明确要求。对此，《意见》提出要加强执法监督。各地区、各部门要完善安全生产行政执法程序，建立执法行为审议制度和重大行政执法决策机制，强化内部和外部执法监督机制，完善安全生产执法纠错和执法信息公开制度，坚决克服只检查不执法、执法多处罚少的现象，纠正以责令整改代替行政处罚的问题，切实做到精准执法、规范执法、严格执法。要加大事前处罚力度，聚焦重点难点，对重大隐患和问题、典型违法违规企业严格处罚，对屡查屡犯的要公开曝光、纳入安全生产"黑名单"。同时，要科学分析、区别对待本地区安全生产突出问题隐患和违法行为，制定有针对性的执法计划，对于存在重大隐患、发生伤亡事故的企业以及同一地区、同一类型企业，不得一停了之、一关了之。对此，2019年8月，应急管理部印发《关于应急管理部改进作风服务基层若干措施的通知》，提出改进作风服务基层的15项措施，明确要求不得采取发生事故后同类企业全部停产等简单化、"一刀切"执法措施。

六是创新执法方式。危险化学品种类繁多，生产工艺、设备复杂，并且整个生产过程都在各种反应器、储罐、管道中，部分安全监管执法人员缺乏现场经验，在检查中很难发现关键问题。一些地方监管执法95%以上针对企业培训、管理制度等内容，对企业本质安全、人员准入条件、重大危险源管理和装备设施维护等安全管理的重点内容处罚不多。李克强总理在2018年10月22日国务院常务会议上要求，建设"互联网+监管"系统，促进政府监管规范化、精准化、智能化。《国务院关于加强和规范事中事后监管的指导意见》（国发〔2019〕18号）对深入推进"互联网+监管"提出具体要求。对此，《意见》提出大力推行"互联网+监管""执法+专家"模式。"互联网+监管"即充分运用互联网、大数据、云计算等技术，加强对企业安全隐患和重大危险源的监控预警，探索以远程监管、移动监管、预警防控为特征的非现场监管，提升监管执法数字化、精细化、智慧化水平。"执法+专家"即聘请危险化学品安全专家参加安全监管执法，协助执法人员在现场发现风险隐患，提出安全防范措施和整改建议。

3. 补充执法辅助人员。行政执法辅助人员，是指行政执法机关聘用的履行行政执法辅助职责的人员，主要协助行政执法人员开展行政检查、调查取证、执行执法决定等工作。目前，各地公安机关普遍招录大量警务执法辅助人员，协助交通警察进行调查取证、行政处罚等工作。安徽合肥、江苏常州、福建石狮等地也聘用了安全生产执法辅助人员，合肥市还出台了《安全生产行政辅助人员管理办法》。针对当前安全监管执法人员严重不足的问题，借鉴交通辅警和各地区的经验，《意见》提出各地区可根据工作需要，面向社会招聘安全监管执法辅助人员，并健全相关管理制度，对执法辅助人员进行严格规范管理。如北京市通过政府购买服务的方式，在全市351个镇街、23个部门的308个单位组建了近7000人的专职安全员队伍，并制定了一整套制度规范，协助配合全系统安全监管执法队伍做好安全检查和隐患排查等工作。

附录一

化工园区安全风险排查治理导则（试行）

1 总则

1.1 目的

为全面排查化工园区安全风险，规范化工园区建设和安全管理，系统提升化工园区本质安全水平，增强化工园区安全应急保障能力，防范危险化学品重特大安全事故，依据《安全生产法》《危险化学品安全管理条例》等有关法律法规和标准规范，制定本导则。

1.2 适用范围

本导则适用于化工园区的安全风险排查治理。

1.3 基本原则

1.3.1 科学规划，合理布局。

坚持产业集聚、布局集中、用地集约和安全环保的原则，规范化工园区的设立和选址，严格规划区域功能，优化安全布局，完善公用工程配套和安全保障设施。

1.3.2 严格准入，规范管理。

坚持严格准入，严禁不符合安全生产标准规范和不成熟工艺的危险化学品建设项目入园。坚持一体化管理，提升化工园区应急保障能力，规范建设和安全管理。

1.3.3 系统排查，重点整治。

全面排查化工园区安全风险，突出对系统性安全风险的整治，提升本质安全水平，避免多米诺效应，防范危险化学品重特大安全事故，实现化工园区整体安全风险可控。

2 设立

2.1 化工园区应整体规划、集中布置，化工园区内不应有居民居住。

2.2 化工园区应符合国家、区域、省和设区的市产业布局规划要求，在城乡总体规划确定的建设用地范围之内，符合国土空间规划。

2.3 化工园区的设立应经省级及以上人民政府认定，负责园区管理的当地人民政府应明确承担园区安全生产和应急管理职责的机构。

3 选址及规划

3.1 化工园区应位于地方人民政府规划的专门用于危险化学品生产、储存的区域，符合化工园区所在地区化工行业安全发展规划。

3.2 化工园区选址应把安全放在首位，进行选址安全评估，化工园区与城市建成区、人口密集区、重要设施等防护目标之间保持足够的安全防护距离，留有适当的缓冲带，将化工园区安全与周边公共安全的相互影响降至风险可以接受。

3.3 化工园区应编制《化工园区总体规划》和《化工园区产业规划》，《化工园区总体规划》应包含安全生产和综合防灾减灾规划章节。

3.4 化工园区安全生产管理机构应至少每五年开展一次化工园区整体性安全风险评估，评估安全风险，提出消除、降低、管控安全风险的对策措施。

3.5 化工园区安全生产管理机构应依据化工园区整体性安全风险评估结果和相关法规标准的要求，划定化工园区周边土地规划安全控制线，并报送化工园区所在地设区的市级和县级地方人民政府规划主管部门、应急管理部门。

3.6 化工园区所在地设区的市级和县级地方人民政府规划主管部门应严格控制化工园区周边土地开发利用，土地规划安全控制线范围内的开发建设项目应经过安全风险评估，满足安全风险控制要求。

4 园区内布局

4.1 化工园区应综合考虑主导风向、地势高低落差、企业装置之间的相互影响、产品类别、生产工艺、物料互供、公用设施保障、应急救援等因素，合理布置功能分区。劳动力密集型的非化工企业不得与化工企业混建在同一化工园区内。

4.2 化工园区行政办公、生活服务区等人员集中场所与生产功能区应相互分离，布置在化工园区边缘或化工园区外；消防站、应急响应中心、医疗救护站等重要设施的布置应有利于应急救援的快速响应需要，并与涉及爆炸物、毒性气体、液化易燃气体的装置或设施保持足够的安全距离。

4.3 化工园区整体性安全风险评估应结合国家有关法律法规和标准规范要求，评估化工园区布局的安全性和合理性，对多米诺效应进行分析，提出安全风险防范措施，降低区域安全风险，避免多米诺效应。

4.4 在安全条件审查时，危险化学品建设项目单位提交的安全评价报告应对危险化学品建设项目与周边企业的相互影响进行多米诺效应分析，优化平面布局。

5 准入和退出

5.1 化工园区应严格根据《化工园区总体规划》和《化工园区产业规划》，制定适应区域特点、地方实际的《化工园区产业发展指引》和"禁限控"目录。

5.2 化工园区的项目准入应有利于形成相对完整的"上中下游"产业链和主导产业，实现化工园区内资源的有效配置和充分利用。

5.3 化工园区内危险化学品建设项目应由具有相关工程设计资质的单位设计；涉及"两重点一重大"（重点监管的危险化学品、重点监管的危险化工工艺、危险化学品重大危险源）装置的专业管理人员原则上应具有大专以上学历、操作人员原则上应具有高中以上文化程度，企业特种作业人员应持证上岗，并建设身份识别系统，加强对证件有效性和特种作业人员身份的管理。

5.4 化工园区内凡存在重大事故隐患、生产工艺技术落后、不具备安全生产条件的企业，责令停产整顿，整改无望的或整改后仍不能达到要求的企业，应依法予以关闭。

5.5 化工园区应建立健全企业、承包商准入和退出机制，建立黑名单制度。

6 配套功能设施

6.1 化工园区供水水源应充足、可靠，建设统一集中的供水设施和管网，满足企业和化工园区配套设施生产、生活、消防用水的需求。化工园区附近有天然水源的，应设置供消防车取水的消防车道和取水码头。

6.2 化工园区应能保障双电源供电。供电应满足化工园区各企业和化工园区配套设施生产、生活及应急用电需求，电源可靠。

6.3 化工园区公用管廊应满足《化工园区公共管廊管理规程》（GB/T 36762）要求。

6.4 化工园区应严格管控运输安全风险，运用物联网等先进技术对危险化学品运输车辆进出进行实时监控，实行专用道路、专用车道和限时限速行驶等措施，由化工园区实施统一管理、科学调度，防止安全风险积聚。有危险化学品车辆聚集较大安全风险的化工园区应建设危险化学品车辆专用停车场并严格管理。

6.5 化工园区应按照"分类控制、分级管理、分步实施"要求，结合产业结构、产业链特点、安全风险类型等实际情况，分区实行封闭化管理，建立完善门禁系统和视频监控系统，对易燃易爆、有毒有害化学品和危险废物等物料、人员、车辆进出实施全过程监管。

6.6 化工园区应按照有关法律法规和国家标准

规范对产生的固体废物特别是危险废物全部进行安全处置，必要时建设配套的固体废物特别是危险废物集中处置设施，并实行专业化运营管理，充分利用信息化等手段对危险废物种类、产生量、流向、贮存、处置、转移等全链条的风险实施监督和管理。

6.7 化工园区应配套建设满足化工园区需要、符合安全环保要求的污水处理设施；合理分析和估算安全事故废水量，根据需求规划建设公共的事故废水应急池，确保化工安全事故发生时能满足废水处置要求。

7 一体化安全管理及应急救援

7.1 化工园区应实施安全生产与应急一体化管理，建立健全行业监管、协同执法和应急救援的联动机制，协调解决化工园区内企业之间的安全生产重大问题，统筹指挥化工园区的应急救援工作，指导企业落实安全生产主体责任，全面加强安全生产和应急管理工作。

7.2 化工园区管委会应配备具有化工专业背景的负责人，并建立化工园区管委会领导带班制度；根据企业数量、产业特点、整体安全风险状况，配备满足安全监管需要的人员，其中具有相关化工专业学历或化工安全生产实践经历的人员或注册安全工程师的人员数量不低于安全监管人员的75%。

7.3 化工园区应按照国家有关要求,制定安全风险分级管控制度,定期对化工园区内企业进行安全风险分级,加强对红色、橙色安全风险的分析、评估、预警。

7.4 化工园区应建设安全监管和应急救援信息平台,构建基础信息库和风险隐患数据库,至少应接入企业重大危险源(储罐区和库区)实时在线监测监控相关数据、关键岗位视频监控、安全仪表等异常报警数据,实现对化工园区内重点场所、重点设施在线实时监测、动态评估和及时自动预警;要建立园区三维倾斜摄影模型,在平台中实时更新园区建设边界、园区内企业边界及分布等基础信息;化工园区应将接入数据上传至省、市级应急管理部门。

7.5 化工园区安全生产管理机构应制定总体应急预案及专项预案,并至少每2年组织1次安全事故应急演练。

7.6 化工园区应编制化工园区消防规划,消防站布点应根据化工园区面积、危险性、平面布局等因素综合考虑,参照不低于《城市消防站建设标准》中特勤消防站的标准进行建设,消防车种类、数量、结构以及车载灭火药剂数量、装备器材、防护装具等应满足安全事故处置需要。化工园区应建设危险化学品专业应急救援队伍；根据自身安全风险类型和实际需求，配套建设医疗急救场所和气防站。

7.7 化工园区应建立健全化工园区内企业及公共应急物资储备保障制度，统筹规划配备充足的应急物资装备。

7.8 化工园区应加强对台风、雷电、洪水、泥石流、滑坡等自然灾害的监测和预警，并落实有关灾害的防范措施，防范因自然灾害引发危险化学品次生灾害。

8 特殊条款

8.1 按照本导则《化工园区安全风险排查治理检查表》（见附件）对化工园区进行评分，60分以下（不含60分）为高安全风险（A类），60-70分（不含70分）为较高安全风险（B类），70-85分（不含85分）为一般安全风险（C类），85分及以上为较低安全风险（D类）。

8.2 化工园区存在以下情况，直接判定为高安全风险（A类）：

（1）化工园区规划不符合当地总体规划要求或未明确四至范围（四至范围是指东西南北四个方向的边界）。

(2) 化工园区未经依法认定。

(3) 化工园区未明确安全管理机构。

(4) 化工园区外部安全防护距离不符合标准要求。

(5) 化工园区内部布局不合理，企业之间存在重大风险叠加或失控。

(6) 化工园区内存在在役化工装置未经具有相应资质的单位设计且未通过安全设计诊断的企业。

(7) 化工园区内存在涉及危险化工工艺的特种作业人员未取得高中或者相当于高中及以上学历的企业。

附录 定义和术语

下列定义和术语适用于本导则。

1 化工园区

依法设立的用于专门发展化工产业的工业区或集中区。

2 防护目标

受化工园区危险化学品安全事故影响，化工园区外可能发生人员伤亡、财产损失的设施或场所。

3 多米诺效应

化工园区内一个企业的危险源发生安全事故时可能会引起其他企业的危险源也相继发生安全事故，从而造成更大安全事故的现象。

4 土地规划安全控制线

为预防和减缓化工园区危险化学品潜在安全事故（火灾、爆炸、泄漏等）对化工园区外防护目标的影响，用于限制化工园区周边土地开发利用的控制线。

附件：化工园区安全风险排查治理检查表（略）

附录二

危险化学品企业安全风险隐患排查治理导则

1 总则

1.1 为督促危险化学品企业落实安全生产主体责任，着力构建安全风险分级管控和隐患排查治理双重预防机制，有效防范重特大安全事故，根据国家相关法律、法规、规章及标准，制定本导则。

1.2 本导则适用于危险化学品生产、经营、使用发证企业（以下简称企业）的安全风险隐患排查治理工作，其他化工企业参照执行。

1.3 安全风险是某一特定危害事件发生的可能性与其后果严重性的组合；安全风险点是指存在安全风险的设施、部位、场所和区域，以及在设施、部位、场所和区域实施的伴随风险的作业活动，或以上两者的组合；对安全风险所采取的管控措施存在缺陷或缺失时就形成事故隐患，包括物的不安全状态、人的不安全行为和管理上的缺陷等方面。

2 基本要求

2.1 企业是安全风险隐患排查治理的主体,要逐级落实安全风险隐患排查治理责任,对安全风险全面管控,对事故隐患治理实行闭环管理,保证安全生产。

2.2 企业应建立健全安全风险隐患排查治理工作机制,建立安全风险隐患排查治理制度并严格执行,全体员工应按照安全生产责任制要求参与安全风险隐患排查治理工作。

2.3 企业应充分利用安全检查表(SCL)、工作危害分析(JHA)、故障类型和影响分析(FMEA)、危险和可操作性分析(HAZOP)等安全风险分析方法,或多种方法的组合,分析生产过程中存在的安全风险;选用风险评估矩阵(RAM)、作业条件危险性分析(LEC)等方法进行风险评估,有效实施安全风险分级管控。

2.4 企业应对涉及"两重点一重大"的生产、储存装置定期开展 HAZOP 分析。

2.5 精细化工企业应按要求开展反应安全风险评估。

3 安全风险隐患排查方式及频次

3.1 安全风险隐患排查方式

3.1.1 企业应根据安全生产法律法规和安全风

险管控情况，按照化工过程安全管理的要求，结合生产工艺特点，针对可能发生安全事故的风险点，全面开展安全风险隐患排查工作，做到安全风险隐患排查全覆盖，责任到人。

3.1.2 安全风险隐患排查形式包括日常排查、综合性排查、专业性排查、季节性排查、重点时段及节假日前排查、事故类比排查、复产复工前排查和外聘专家诊断式排查等。

（1）日常排查是指基层单位班组、岗位员工的交接班检查和班中巡回检查，以及基层单位（厂）管理人员和各专业技术人员的日常性检查；日常排查要加强对关键装置、重点部位、关键环节、重大危险源的检查和巡查；

（2）综合性排查是指以安全生产责任制、各项专业管理制度、安全生产管理制度和化工过程安全管理各要素落实情况为重点开展的全面检查；

（3）专业性排查是指工艺、设备、电气、仪表、储运、消防和公用工程等专业对生产各系统进行的检查；

（4）季节性排查是指根据各季节特点开展的专项检查，主要包括：春季以防雷、防静电、防解冻泄漏、防解冻坍塌为重点；夏季以防雷暴、防设备容器超温超压、防台风、防洪、防暑降温为重点；秋季以防雷暴、防火、防静电、防凝保温为重点；冬季以防火、防爆、防雪、防冻防凝、防滑、防静电为重点；

（5）重点时段及节假日前排查是指在重大活动、重点时段和节假日前，对装置生产是否存在异常状况和事故隐患、备用设备状态、备品备件、生产及应急物资储备、保运力量安排、安全保卫、应急、消防等方面进行的检查，特别是要对节假日期间领导干部带班值班、机电仪保运及紧急抢修力量安排、备件及各类物资储备和应急工作进行重点检查；

（6）事故类比排查是指对企业内或同类企业发生安全事故后举一反三的安全检查；

（7）复产复工前排查是指节假日、设备大检修、生产原因等停产较长时间，在重新恢复生产前，需要进行人员培训，对生产工艺、设备设施等进行综合性隐患排查；

（8）外聘专家排查是指聘请外部专家对企业进行的安全检查。

3.2 安全风险隐患排查频次

3.2.1 开展安全风险隐患排查的频次应满足：

（1）装置操作人员现场巡检间隔不得大于2小时，涉及"两重点一重大"的生产、储存装置和部位的操作人员现场巡检间隔不得大于1小时；

（2）基层车间（装置）直接管理人员（工艺、设备技术人员）、电气、仪表人员每天至少两次对装置现场进行相关专业检查；

（3）基层车间应结合班组安全活动，至少每周组织一次安全风险隐患排查；基层单位（厂）应结合岗位责任制检查，至少每月组织一次安全风险隐患排查；

（4）企业应根据季节性特征及本单位的生产实际，每季度开展一次有针对性的季节性安全风险隐患排查；重大活动、重点时段及节假日前必须进行安全风险隐患排查；

（5）企业至少每半年组织一次，基层单位至少每季度组织一次综合性排查和专业排查，两者可结合进行；

（6）当同类企业发生安全事故时，应举一反三，及时进行事故类比安全风险隐患专项排查。

3.2.2 当发生以下情形之一时，应根据情况及时组织进行相关专业性排查：

（1）公布实施有关新法律法规、标准规范或原有适用法律法规、标准规范重新修订的；

（2）组织机构和人员发生重大调整的；

（3）装置工艺、设备、电气、仪表、公用工程或操作参数发生重大改变的；

（4）外部安全生产环境发生重大变化的；

（5）发生安全事故或对安全事故、事件有新认识的；

（6）气候条件发生大的变化或预报可能发生重大自然灾害前。

3.2.3 企业对涉及"两重点一重大"的生产、储存装置运用 HAZOP 方法进行安全风险辨识分析，一般每 3 年开展一次；对涉及"两重点一重大"和首次工业化设计的建设项目，应在基础设计阶段开展 HAZOP 分析工作；对其他生产、储存装置的安全风险辨识分析，针对装置不同的复杂程度，可采用本导则第 2.3 所述的方法，每 5 年进行一次。

4 安全风险隐患排查内容

企业应结合自身安全风险及管控水平，按照化工过程安全管理的要求，参照各专业安全风险隐患排查表（见附件），编制符合自身实际的安全风险隐患排查表，开展安全风险隐患排查工作。

排查内容包括但不限于以下方面：

（1）安全领导能力；

（2）安全生产责任制；

（3）岗位安全教育和操作技能培训；

（4）安全生产信息管理；

（5）安全风险管理；

（6）设计管理；

（7）试生产管理；

（8）装置运行安全管理；

（9）设备设施完好性；

（10）作业许可管理；

（11）承包商管理；

（12）变更管理；

（13）应急管理；

（14）安全事故事件管理。

4.1 安全领导能力

4.1.1 企业安全生产目标、计划制定及落实情况。

4.1.2 企业主要负责人安全生产责任制的履职情况，包括：

（1）建立、健全本单位安全生产责任制；

（2）组织制定本单位安全生产规章制度和操作规程；

（3）组织制定并实施本单位安全生产教育和培训计划；

（4）保证本单位安全生产投入的有效实施；

（5）督促、检查本单位的安全生产工作，及时消除事故隐患；

（6）组织制定并实施本单位的安全事故应急预案；

（7）及时、如实报告安全事故。

4.1.3 企业主要负责人安全培训考核情况，分管生产、安全负责人专业、学历满足情况。

4.1.4 企业主要负责人组织学习、贯彻落实国家安全生产法律法规，定期主持召开安全生产专题会议，研究重大问题，并督促落实情况。

4.1.5 企业主要负责人和各级管理人员在岗在位、带（值）班、参加安全活动、组织开展安全风险研判与承诺公告情况。

4.1.6 安全生产管理体系建立、运行及考核情况；"三违"（违章指挥、违章作业、违反劳动纪律）的检查处置情况。

4.1.7 安全管理机构的设置及安全管理人员的配备、能力保障情况。

4.1.8 安全投入保障情况，安全生产费用提取和使用情况；员工工伤保险费用缴纳及安全生产责任险投保情况。

4.1.9 异常工况处理授权决策机制建立情况。

4.1.10 企业聘用员工学历、能力满足安全生产要求情况。

4.2 安全生产责任制

4.2.1 企业依法依规制定完善全员安全生产责任制情况；根据企业岗位的性质、特点和具体工作内容，明确各层级所有岗位从业人员的安全生产责任，体现安全生产"人人有责"的情况。

4.2.2 全员安全生产责任制的培训、落实、考核等情况。

4.2.3 安全生产责任制与现行法律法规的符合性情况。

4.3 岗位安全教育和操作技能培训

4.3.1 企业建立安全教育培训制度的情况。

4.3.2 企业安全管理人员参加安全培训及考核情况。

4.3.3 企业安全教育培训制度的执行情况，主要包括：

（1）安全教育培训体系的建立，安全教育培训需求的调查，安全教育培训计划及培训档案的建立；

（2）安全教育培训计划的落实，教育培训方式及效果评估；

（3）从业人员安全教育培训考核上岗，特种作

业人员持证上岗;

（4）人员、工艺技术、设备设施等发生改变时，及时对操作人员进行再培训;

（5）采用新工艺、新技术、新材料或使用新设备前，对从业人员进行专门的安全生产教育和培训;

（6）对承包商等相关方人员的入厂安全教育培训。

4.4 安全生产信息管理

4.4.1 安全生产信息管理制度的建立情况。

4.4.2 按照《化工企业工艺安全管理实施导则》（AQ/T 3034）的要求收集安全生产信息情况，包括化学品危险性信息、工艺技术信息、设备设施信息、行业经验和事故教训、有关法律法规标准以及政府规范性文件要求等其他相关信息。

4.4.3 在生产运行、安全风险分析、事故调查和编制生产管理制度、操作规程、员工安全教育培训手册、应急预案等工作中运用安全生产信息的情况。

4.4.4 危险化学品安全技术说明书和安全标签的编制及获取情况。

4.4.5 岗位人员对本岗位涉及的安全生产信息的了解掌握情况。

4.4.6 法律法规标准及最新安全生产信息的获

取、识别及应用情况。

4.5 安全风险管理

4.5.1 安全风险管理制度的建立情况。

4.5.2 全方位、全过程辨识生产工艺、设备设施、作业活动、作业环境、人员行为、管理体系等方面存在的安全风险情况，主要包括：

（1）对涉及"两重点一重大"生产、储存装置定期运用HAZOP方法开展安全风险辨识；

（2）对设备设施、作业活动、作业环境进行安全风险辨识；

（3）管理机构、人员构成、生产装置等发生重大变化或发生安全事故时，及时进行安全风险辨识；

（4）对控制安全风险的工程、技术、管理措施及其失效可能引起的后果进行风险辨识；

（5）对厂区内人员密集场所进行安全风险排查；

（6）对存在安全风险外溢的可能性进行分析及预警。

4.5.3 安全风险分级管控情况，主要包括：

（1）企业可接受安全风险标准的制定；

（2）对辨识出的安全风险进行分级和制定管控措施的落实；

（3）对辨识分析发现的不可接受安全风险，制定管控方案，制定并落实消除、减小或控制安全风险的措施，明确风险防控责任岗位和人员，将风险控制在可接受范围。

4.5.4 对安全风险管控措施的有效性实施监控及失效后及时处置情况。

4.5.5 全员参与安全风险辨识与培训情况。

4.6 设计管理

4.6.1 建设项目选址合理性情况；与周围敏感场所的外部安全防护距离满足性情况，包括在工厂选址、设备布局时，开展定量安全风险评估情况。

4.6.2 开展正规设计或安全设计诊断情况；涉及"两重点一重大"的建设项目设计单位资质符合性情况。

4.6.3 落实国家明令淘汰、禁止使用的危及生产安全的工艺、设备要求情况。

4.6.4 总图布局、竖向设计、重要设施的平面布置、朝向、安全距离等合规性情况。

4.6.5 涉及"两重点一重大"装置自动化控制系统的配置情况。

4.6.6 项目安全设施"三同时"符合性情况。

4.6.7 涉及精细化工的建设项目，在编制可行性研究报告或项目建议书前，按规定开展反应安全风险评估情况；国内首次采用的化工工艺，省级有关部门组织专家组进行安全论证情况。

4.6.8 重大设计变更的管理情况。

4.7 试生产管理

4.7.1 试生产组织机构的建立情况；建设项目各相关方的安全管理范围与职责界定情况。

4.7.2 试生产前期工作的准备情况，主要包括：

（1）总体试生产方案、操作规程、应急预案等相关资料的编制、审查、批准、发布实施；

（2）试车物资及应急装备的准备；

（3）人员准备及培训；

（4）"三查四定"工作的开展。

4.7.3 试生产工作的实施情况，主要包括：

（1）系统冲洗、吹扫、气密等工作的开展及验收；

（2）单机试车及联动试车工作的开展及验收；

（3）投料前安全条件检查确认。

4.8 装置运行安全管理

4.8.1 操作规程与工艺卡片管理制度制定及执行情况，主要包括：

（1）操作规程与工艺卡片的编制及管理；

（2）操作规程内容与《化工企业工艺安全管理

实施导则》（AQ/T 3034）要求的符合性；

（3）操作规程的适应性和有效性的定期确认与审核修订；

（4）操作规程的发布及操作人员的方便查阅；

（5）操作规程的定期培训和考核；

（6）工艺技术、设备设施发生重大变更后对操作规程及时修订。

4.8.2 装置运行监测预警及处置情况，主要包括：

（1）自动化控制系统设置及对重要工艺参数进行实时监控预警；

（2）可燃及有毒气体检测报警设施设置并投用；

（3）采用在线安全监控、自动检测或人工分析等手段，有效判断发生异常工况的根源，及时安全处置。

4.8.3 开停车安全管理情况，主要包括：

（1）开停车前安全条件的检查确认；

（2）开停车前开展安全风险辨识分析、开停车方案的制定、安全措施的编制及落实；

（3）开车过程中重要步骤的签字确认，包括装置冲洗、吹扫、气密试验时安全措施的制定，引进蒸汽、氮气、易燃易爆、腐蚀性等危险介质前的流程确认，引进物料时对流量、温度、压力、液位等参数变化情况的监测与流程再确认，进退料顺序和速率的管理，可能出现泄漏等异常现象部位的监控；

（4）停车过程中，设备和管线低点处的安全排放操作及吹扫处理后与其他系统切断、确认工作的执行。

4.8.4 工艺纪律、交接班制度的执行与管理情况。

4.8.5 工艺技术变更管理情况。

4.8.6 重大危险源安全控制设施设置及投用情况，主要包括：

（1）重大危险源应配备温度、压力、液位、流量等信息的不间断采集和监测系统以及可燃气体和有毒有害气体泄漏检测报警装置，并具备信息远传、记录、安全预警、信息存储等功能；

（2）重大危险源的化工生产装置应装备满足安全生产要求的自动化控制系统；

（3）一级或者二级重大危险源，设置紧急停车系统；

（4）对重大危险源中的毒性气体、剧毒液体和易燃气体等重点设施，设置紧急切断装置；

（5）对涉及毒性气体、液化气体、剧毒液体的一级或者二级重大危险源，应具有独立安全仪表系统；

（6）对毒性气体的设施，设置泄漏物紧急处置装置；

（7）重大危险源中储存剧毒物质的场所或者设施，设置视频监控系统；

（8）处置监测监控报警数据时，监控系统能够自动将超限报警和处置过程信息进行记录并实现留痕。

4.8.7 重点监管的危险化工工艺安全控制措施的设置及投用情况。

4.8.8 剧毒、高毒危险化学品的密闭取样系统设置及投用情况。

4.8.9 储运设施的管理情况，主要包括：

（1）危险化学品装卸管理制度的制订及执行；

（2）储运系统设施的安全设计、安全控制、应急措施的落实；

（3）储罐尤其是浮顶储罐安全运行；

（4）危险化学品仓库及储存管理。

4.8.10 光气、液氯、液氨、液化烃、氯乙烯、硝酸铵等有毒、易燃易爆危险化学品与硝化工艺的特殊管控措施落实情况。

4.8.11 空分系统的运行管理情况。

4.9 设备设施完好性

4.9.1 设备设施管理制度的建立情况。

4.9.2 设备设施管理制度的执行情况，主要包括：

（1）设备设施管理台账的建立，备品备件管理，设备操作和维护规程编制，设备维保人员的技能培训；

（2）电气设备设施安全操作、维护、检修工作的开展，电源系统安全可靠性分析和安全风险评估工作的开展，防爆电气设备、线路检查和维护管理；

（3）仪表自动化控制系统安全管理制度的执行，新（改、扩）建装置和大修装置的仪表自动化控制系统投用前及长期停用后的再次启用前的检查确认、日常维护保养，安全联锁保护系统停运、变更的专业会签和审批。

4.9.3 设备日常管理情况，主要包括：

（1）设备操作规程的编制及执行；

（2）大机组和重点动设备运行参数的自动监测及运行状况的评估；

（3）关键储罐、大型容器的防腐蚀、防泄漏相关工作；

（4）安全附件的维护保养；

（5）日常巡回检查；

（6）异常设备设施的及时处置；

（7）备用机泵的管理。

4.9.4 设备预防性维修工作开展情况，主要包括：

（1）关键设备的在线监测；

（2）关键设备、连续监（检）测检查仪表的定期监（检）测检查；

（3）静设备密封件、动设备易损件的定期监（检）测；

（4）压力容器、压力管道附件的定期检查（测）；

（5）对可能出现泄漏的部位、物料种类和泄漏量的统计分析情况，生产装置动静密封点的定期监（检）测及处置；

（6）对易腐蚀的管道、设备开展防腐蚀检测，监控壁厚减薄情况，及时发现并更新更换存在事故隐患的设备。

4.9.5 安全仪表系统安全完整性等级评估工作开展情况，主要包括：

（1）安全仪表功能（SIF）及其相应的功能安全要求或安全完整性等级（SIL）评估；

（2）安全仪表系统的设计、安装、使用、管理和维护；

（3）检测报警仪器的定期标定。

4.10 作业许可管理

4.10.1 危险作业许可制度的建立情况。

4.10.2 实施危险作业前，安全风险分析的开展、安全条件的确认、作业人员对作业安全风险的了解和安全风险控制措施的掌握、预防和控制安全风险措施的落实情况。

4.10.3 危险作业许可票证的审查确认及签发，特殊作业管理与《化学品生产单位特殊作业安全规范》（GB 30871）要求的符合性；检维修、施工、吊装等作业现场安全措施落实情况。

4.10.4 现场监护人员对作业范围内的安全风险辨识、应急处置能力的掌握情况。

4.10.5 作业过程中，管理人员现场监督检查情况。

4.11 承包商管理

4.11.1 承包商管理制度的建立情况。

4.11.2 承包商管理制度的执行情况，主要包括：

（1）对承包商的准入、绩效评价和退出的管理；

（2）承包商入厂前的教育培训、作业开始前的安全交底；

（3）对承包商的施工方案和应急预案的审查；

（4）与承包商签订安全管理协议，明确双方安全管理范围与责任；

（5）对承包商作业进行全程安全监督。

4.12　变更管理

4.12.1　变更管理制度的建立情况。

4.12.2　变更管理制度的执行情况，主要包括：

（1）变更申请、审批、实施、验收各环节的执行，变更前安全风险分析；

（2）变更带来的对生产要求的变化、安全生产信息的更新及对相关人员的培训；

（3）变更管理档案的建立。

4.13　应急管理

4.13.1　企业应急管理情况，主要包括：

（1）应急管理体系的建立；

（2）应急预案编制符合《生产经营单位生产安全事故应急预案编制导则》（GB/T 29639）的要求，与周边企业和地方政府的应急预案衔接。

4.13.2　企业应急管理机构及人员配置，应急救援队伍建设，预案及相关制度的执行情况。

4.13.3　应急救援装备、物资、器材、设施配备和维护情况；消防系统运行维护情况。

4.13.4 应急预案的培训和演练，事故状态下的应急响应情况。

4.13.5 应急人员的能力建设情况。

4.14 安全事故事件管理

4.14.1 安全事故事件管理制度的建立情况。

4.14.2 安全事故事件管理制度执行情况，主要包括：

（1）开展安全事件调查、原因分析；

（2）整改和预防措施落实；

（3）员工与相关方上报安全事件的激励机制建立；

（4）安全事故事件分享、档案建立及管理。

4.14.3 吸取本企业和其他同类企业安全事故及事件教训情况。

4.14.4 将承包商在本企业发生的安全事故纳入本企业安全事故管理情况。

5 安全风险隐患闭环管理

5.1 安全风险隐患管控与治理

5.1.1 对排查发现的安全风险隐患，应当立即组织整改，并如实记录安全风险隐患排查治理情况，建立安全风险隐患排查治理台账，及时向员工通报。

5.1.2 对排查发现的重大事故隐患，应及时向本企业主要负责人报告；主要负责人不及时处理的，可以向主管的负有安全生产监督管理职责的部门报告。

5.1.3 对于不能立即完成整改的隐患，应进行安全风险分析，并应从工程控制、安全管理、个体防护、应急处置及培训教育等方面采取有效的管控措施，防止安全事故的发生。

5.1.4 利用信息化手段实现风险隐患排查闭环管理的全程留痕，形成排查治理全过程记录信息数据库。

5.2 安全风险隐患上报

5.2.1 企业应依法向属地应急管理部门或相关部门上报安全风险隐患管控与整改情况、存在的重大事故隐患及事故隐患排查治理长效机制的建立情况。

5.2.2 重大事故隐患的报告内容至少包括：

（1）现状及其产生原因；

（2）危害程度分析；

（3）治理方案及治理前保证安全的管控措施。

6 特殊条款

6.1 依据《化工和危险化学品生产经营单位重大生产安全事故隐患判定标准（试行）》，企业存在重大隐患的，必须立即排除，排除前或排除过程中无法保证安全的，属地应急管理部门应依法责令暂时停产停业或者停止使用相关设施、设备。

6.2 企业存在以下情况的，属地应急管理部门应依法暂扣或吊销安全生产许可证：

（1）主要负责人、分管安全负责人和安全生产管理人员未依法取得安全合格证书。

（2）涉及危险化工工艺的特种作业人员未取得特种作业操作证、未取得高中或者相当于高中及以上学历。

（3）在役化工装置未经具有资质的单位设计且未通过安全设计诊断。

（4）外部安全防护距离不符合国家标准要求、存在重大外溢风险。

（5）涉及"两重点一重大"装置或储存设施的自动化控制设施不符合《危险化学品重大危险源监督管理暂行规定》（国家安全监管总局令第 40 号）等国家要求。

（6）化工装置、危险化学品设施"带病"运行。

附录　定义和术语

下列定义和术语适用于本导则。

1　两重点一重大

重点监管的危险化学品，重点监管的危险化工工艺，危险化学品重大危险源。

2　三查四定

在项目建设中，交工前要经历的一个过程，"三查"主要指"查设计漏项、查工程质量及事故隐患、查未完工程量"，"四定"指对检查出来的问题"定任务、定人员、定时间、定措施，限期完成"。

3　危险作业

操作过程安全风险较大，容易发生人身伤亡或设备损坏，安全事故后果严重，需要采取特别控制措施的作业。一般包括：

（1）《化学品生产单位特殊作业安全规范》（GB 30871）规定的动火、进入受限空间、盲板抽堵、高处作业、吊装、临时用电、动土、断路等特殊作业；

（2）储罐切水、液化烃充装等危险性较大的作业；

（3）安全风险较大的设备检维修作业。

附件：安全风险隐患排查表（略）

附录三

危险化学品企业
生产安全事故应急准备指南

第一条 为加强危险化学品企业安全生产应急管理工作，有效防范和应对危险化学品事故，保障人民群众生命和财产安全，依据《中华人民共和国突发事件应对法》《中华人民共和国安全生产法》《生产安全事故应急条例》《生产安全事故应急预案管理办法》等法律、法规、规章、标准和有关文件（以下统称现行法律法规制度），制定本指南。

第二条 本指南适用于危险化学品生产、使用、经营、储存单位（以下统称危险化学品企业）依法实施生产安全事故应急准备工作，也可作为各级政府应急管理部门和其他负有危险化学品安全生产监督管理职责的部门依法监督检查危险化学品企业生产安全事故应急准备工作的工具。

本指南所称危险化学品使用单位是指根据《危险化学品安全使用许可证实施办法》规定，应取得危险化学品安全使用许可证的化工企业。

第三条 依法做好生产安全事故应急准备是危险化学品企业开展安全生产应急管理工作的主要任务，落实安全生产主体责任的重要内容。

应急准备应贯穿于危险化学品企业安全生产各环节、全过程。

危险化学品企业应遵循安全生产应急工作规律，依法依规，结合实际，在风险评估基础上，针对可能发生的生产安全事故特点和危害，持续开展应急准备工作。

第四条 应急准备内容主要由思想理念、组织与职责、法律法规、风险评估、预案管理、监测与预警、教育培训与演练、值班值守、信息管理、装备设施、救援队伍建设、应急处置与救援、应急准备恢复、经费保障等要素构成。每个要素由若干项目组成。

要素1：思想理念。思想理念是应急准备工作的源头和指引。危险化学品企业要坚持以人为本、安全发展，生命至上、科学救援理念，树立安全发展的红线意识和风险防控的底线思维，依法依规开展应急准备工作。

本要素包括安全发展红线意识、风险防控底线思维、应急管理法治化与生命至上、科学救援四个项目。

要素2：组织与职责。组织健全、职责明确是企业开展应急准备工作的组织保障。危险化学品企业主要负责人要对本单位的生产安全事故应急工作全面负责，建立健全应急管理机构，明确应急响应、指挥、处置、救援、恢复等各环节的职责分工，细化落实到岗位。

本要素包括应急组织、职责任务两个项目。

要素3：法律法规。现行法律法规制度是企业开展应急准备的主要依据。危险化学品企业要及时识别最新的安全生产法律法规、标准规范和有关文件，将其要求转化为企业应急管理的规章制度、操作规程、检测规范和管理工具等，依法依规开展应急准备工作。

本要素包括法律法规识别、法律法规转化、建立应急管理制度三个项目。

要素4：风险评估。风险评估是企业开展应急准备和救援能力建设的基础。危险化学品企业要运用底线思维，全面辨识各类安全风险，选用科学方法进行风险分析和评价，做到风险辨识全面，风险分析深入，风险评估科学，风险分级准确，预防和应对措施有效。运用情景构建技术，准确揭示本企业小概率、高后果的"巨灾事故",开展有针对性的应急准备工作。

本要素包括风险辨识、风险分析、风险评价、情景构建四个项目。

要素5:预案管理。针对性和操作性强的应急预案是企业开展应急准备和救援能力建设的"规划蓝图"、从业人员应急救援培训的"专门教材"、救援行动的"作战指导方案"。危险化学品企业要组成应急预案编制组,开展风险评估、应急资源普查、救援能力评估,编制应急预案。要加强预案管理,严格预案评审、签署、公布与备案;及时评估和修订预案,增强预案的针对性、实用性和可操作性。

本要素包括预案编制、预案管理、能力提升三个项目。

要素6:监测与预警。监测与预警是企业生产安全事故预防与应急的重要措施。监测是及时做好事故预警,有效预防、减少事故,减轻、消除事故危害的基础。预警是根据事故预测信息和风险评估结果,依据事故可能的危害程度、波及范围、紧急程度和发展态势,确定预警等级,制定预警措施,及时发布实施。

本要素包括监测、预警分级、预警措施三个

项目。

要素 7：教育培训与演练。教育培训与演练是企业普及应急知识，从业人员提高应急处置技能、熟练掌握应急预案的有效措施。危险化学品企业应对从业人员（包含承包商、救援协议方）开展针对性知识教育、技能培训和预案演练，使从业人员掌握必要的应急知识、与岗位相适应的风险防范技能和应急处置措施。要建立从业人员应急教育培训考核档案，如实记录教育培训的时间、地点、人员、内容、师资和考核的结果。

本要素包括应急教育培训、应急演练、演练评估三个项目。

要素 8：值班值守。值班值守是企业保障事故信息畅通、应急响应迅速的重要措施，是企业应急管理的重要环节。危险化学品企业要设立应急值班值守机构，建立健全值班值守制度，设置固定办公场所、配齐工作设备设施，配足专门人员、全天候值班值守，确保应急信息畅通、指挥调度高效。规模较大、危险性较高的危险化学品生产、经营、储存企业应当成立应急处置技术组，实行 24 小时值班。

本要素包括应急值班、事故信息接报、对外通报三个项目。

要素9：信息管理。应急信息是企业快速预测、研判事故，及时启动应急预案，迅速调集应急资源，实施科学救援的技术支撑。危险化学品企业要收集整理法律法规、企业基本情况、生产工艺、风险、重大危险源、危险化学品安全技术说明书、应急资源、应急预案、事故案例、辅助决策等信息，建立互联共享的应急信息系统。

本要素包括应急救援信息、信息保障两个项目。

要素10：装备设施。装备设施是企业应急处置和救援行动的"作战武器"，是应急救援行动的重要保障。危险化学品企业应按照有关标准、规范和应急预案要求，配足配齐应急装备、设施，加强维护管理，保证装备、设施处于完好可靠状态。经常开展装备使用训练，熟练掌握装备性能和使用方法。

本要素包括应急设施、应急物资装备和维护管理三个项目。

要素11：救援队伍建设。救援队伍是企业开展应急处置和救援行动的专业队和主力军。危险化学品企业要按现行法律法规制度建立应急救援队伍（或者指定兼职救援人员、签订救援服务协议），配齐必需的人员、装备、物资，加强教育培训和业务训练，确保救援人员具备必要的专业知识、救援技能、防护技能、身体素质和心理素质。

本要素包括队伍设置、能力要求、队伍管理、对外公布与调动四个项目。

要素12：应急处置与救援。应急处置与救援是事故发生后的首要任务，包括企业自救、外部助救两个方面。危险化学品企业要建立统一领导的指挥协调机制，精心组织，严格程序，措施正确，科学施救，做到迅速、有力、有序、有效。要坚持救早救小，关口前移，着力抓好岗位紧急处置，避免人员伤亡、事故扩大升级。要加强教育培训，杜绝盲目施救、冒险处置等蛮干行为。

本要素包括应急指挥与救援组织、应急救援基本原则、响应分级、总体响应程序、岗位应急程序、现场应急措施、重点监控危险化学品应急处置、配合政府应急处置八个项目。

要素13：应急准备恢复。事故发生，打破了企业原有的生产秩序和应急准备常态。危险化学品企业应在事故救援结束后，开展应急资源消耗评估，及时进行维修、更新、补充，恢复到应急准备常态。

本要素包括事后风险评估、应急准备恢复、应急处置评估三个项目。

要素14：经费保障。经费保障是做好应急准备工作的重要前提条件。危险化学品企业要重视并加强事前投入，保障并落实监测预警、教育培训、物资装备、预案管理、应急演练等各环节所需的资金预算。

要依法对外部救援队伍参与救援所耗费用予以偿还。

本要素包括应急资金预算、救援费用承担两个项目。

第五条　本指南依据现行相关法律法规制度细化明确了应急准备各要素所有项目的主要内容，详见附件《危险化学品企业生产安全事故应急准备工作表》。

（一）危险化学品企业生产安全事故应急准备包括但不限于附件所列要素及其项目、内容。附件所列要素及其项目、内容，是现行法律法规制度对危险化学品企业生产安全事故应急准备的最低要求。

（二）危险化学品企业要结合企业实际，在现有要素及其项目下丰富应急准备内容。可根据实际需要，合理增加应急准备要素并明确具体项目、内容。

（三）危险化学品企业应加强法律法规制度识别与转化，及时完善应急准备要素及其项目、内容和依据，保证生产安全事故应急准备持续符合现行法律法规制度要求。

危险化学品企业应结合实际，建立健全应急准备工作制度，对本指南所提各项应急准备在企业应急管理中的实现路径和方法进行固化，做到应急准备具体化、常态化。

第六条 本指南是危险化学品企业依法开展应急准备工作的重要工具和安全生产应急管理培训的重要内容。危险化学品企业主要负责人要加强组织领导，制定全员培训计划，逐要素开展系统培训。

第七条 危险化学品企业应定期开展多种形式、不同要素的应急准备检查，并将检查情况作为企业奖惩考核的重要依据，不断提高应急准备工作水平。

第八条 各级政府应急管理部门和其他负有危险化学品安全生产监督管理职责的部门、危险化学品企业上级公司（集团）可根据附件所列各要素及其项目、内容和依据，灵活选用座谈、查阅资料、现场检查、口头提问、实际操作、书面测试等方法，对危险化学品企业应急准备工作进行监督检查。

第九条 本指南下列用语的含义：

应急准备，是指以风险评估为基础，以先进思想理念为引领，以防范和应对生产安全事故为目的，针对事故监测预警、应急响应、应急救援及应急准备恢复等各个环节，在事故发生前开展的思想准备、预案准备、机制准备、资源准备等工作的总称。

风险评估,是指依据《生产过程危险和有害因素分类与代码》《危险化学品重大危险源辨识》《职业危害因素分类目录》等辨识各种安全风险,运用定性和定量分析、历史数据、经验判断、案例比对、归纳推理、情景构建等方法,分析事故发生的可能性、事故形态及其后果,评价各种后果的危害程度和影响范围,提出事故预防和应急措施的过程。

情景构建,是指基于风险辨识,分析和评价小概率、高后果事故的风险评估技术。

附件:危险化学品企业生产安全事故应急准备工作表(略)

附录四

国内外重特大与典型事故案例

一、生产

河南三门峡义马气化厂"7·19"爆炸事故

2019年7月19日,河南省三门峡市义马气化厂发生爆炸事故,造成15人死亡、16人重伤。

事故直接原因:

企业净化分厂采用深度冷冻法生产氧气和氮气。2019年6月26日,企业发现C套空气分离装置冷箱保温层内存在少量氧泄漏,但未引起足够重视。7月12日,泄漏量进一步增大,由于备用空气分离系统设备不完好等原因,企业仍未对泄漏的空气分离装置采取停车检查的措施,而是使其"带病"运行。7月19日,冷箱外壳冻裂,发生"砂爆"(空气分离装置冷箱发生漏液,保温层珠光砂内就会存有大量低温液体,当低温液体急剧蒸发时冷箱外壳被撑裂,气体夹带珠光砂大量喷出的现象），进而引发冷箱倒塌，冷箱砸到附近500立方米液氧贮槽，导致其破裂，大量液氧迅速外泄，周围可燃物在液氧或富氧条件下发生爆炸、燃烧，造成周边人员大量伤亡。

事故暴露出以下问题：

（1）装置设备带病运行。空气分离装置持续24天"带病"运行，对空气分离等配套装置安全风险认识不到位。

（2）有制度有规程不执行。"关键人"缺乏安全意识，能力不足，层层请示汇报，决策周期过长。

（3）设备专业管理不到位。作为备用的空气分离装置在需要启用时无法正常启用，临时采购延误迟滞了C套空气分离装置停车检修。新设备（氧压机软启柜）检修后未调试性能，反复调试约一周时间，迟滞了停车计划。

（4）设计布局不合理，液氧贮槽周边人员密集。

（5）对大型国有企业缺乏有效监管手段措施；政府监管能力不足，专业监管人员缺乏。

山东齐鲁天和惠世制药公司"4·15"火灾事故

2019年4月15日，山东齐鲁天和惠世制药公司

（以下简称天和公司）在对地下室冷媒管道系统进行改造过程中发生火灾，造成8人当场死亡，2人送医院抢救无效死亡，直接经济损失1867万元。

事故直接原因：

2019年4月15日，天和公司安排对四车间地下室-15℃冷媒管道系统进行改造，承包商安排作业人员进行拆卸法兰、切割管道等作业。管道改造作业过程中，电焊或切割产生的焊渣或火花引燃现场堆放的冷媒增效剂（主要成分是氧化剂亚硝酸钠，有机物苯并三氮唑、苯甲酸钠），瞬间产生爆燃，放出大量氮氧化物等有毒气体，造成现场施工和监护人员中毒窒息死亡。

事故暴露出以下问题：

（1）对特殊作业安全管理不到位，改造项目管理不规范，对外包施工队伍管理不到位。

（2）天和公司风险辨识及管控措施不到位，没有识别出施工作业现场存放的冷媒增效剂的风险危害因素。

（3）供货商未按法规要求提供冷媒增效剂的"一书一签"。

江苏响水"3·21"特别重大爆炸事故

2019年3月21日14时48分许，位于江苏省盐城市响水县生态化工园区的天嘉宜化工有限公司（以下简称天嘉宜公司）发生特别重大爆炸事故，造成78人死亡、76人重伤，640人住院治疗，直接经济损失198635.07万元。

事故直接原因：

天嘉宜公司旧固废库内长期违法贮存的硝化废料持续积热升温导致自燃，燃烧引发硝化废料爆炸。

事故暴露出以下问题：

（1）地方政府安全发展理念不牢，红线意识不强。

（2）安全生产责任制落实不到位，诚信缺失和违法违规问题突出。

（3）政府部门防范化解重大风险不深入、不具体，抓落实上有很大差距。

（4）有关部门落实安全生产职责不到位，造成监管脱节。

（5）有关部门对非法违法行为打击不力，监管执法宽松软。

（6）化工园区发展无序，安全管理问题突出。

（7）安全监管水平不适应化工行业快速发展需要。

河北张家口"11·28"重大爆燃事故

2018年11月28日零时40分55秒，位于河北省张家口市望山循环经济示范园区的河北盛华化工有限公司（以下简称盛华化工公司）氯乙烯泄漏扩散至厂外区域，遇火源发生爆燃，造成24人死亡、21人受伤。

事故直接原因：

聚氯乙烯车间的1号氯乙烯气柜长期未按规定检修，事发前氯乙烯气柜卡顿、倾斜，开始泄漏，压缩机入口压力降低，操作人员没有及时发现气柜卡顿，仍然按照常规操作方式调大压缩机回流，使进入气柜的气量加大，加之阀门调大过快，氯乙烯冲破环形水封泄漏，向厂区外扩散，遇火源发生爆燃。

事故暴露出以下问题：

（1）中国化工集团对下属企业长期存在的安全生产问题管理指导不力，对下属盛华化工公司主要负责人及部分重要部门负责人长期不在公司、安全生产管理混乱、隐患排查治理不到位、安全管理缺失等问题失察失管。

（2）盛华化工公司主要负责人及部分重要部门负责人长期不在公司，员工在上班时间玩手机、脱岗、睡岗现象普遍存在，设备设施管理缺失，安全仪表管理不规范，中控室经常关闭可燃、有毒气体报警装置的声音，对各项报警习以为常，无法及时应对。

四川宜宾"7·12"重大爆炸着火事故

2018年7月12日18时42分33秒，位于四川省宜宾市江安县阳春工业园区内的宜宾恒达科技有限公司（以下简称恒达科技公司）发生重大爆炸着火事故，造成19人死亡、12人受伤，直接经济损失4142余万元。

事故直接原因：

2018年7月12日上午，四川某物流公司给恒达科技公司送了一批生产原料，并告知是2-氨基-2,3-二甲基丁酰胺（以下简称丁酰胺）。物流公司将标注为原料的COD去除剂（实为氯酸钠）送达恒达科技公司仓库。库管员未对入库原料进行认真核实，将其作为原料丁酰胺进行了入库处理。车间人员到库房领取咪草烟生产原料丁酰胺时，库管员发给其"丁酰胺"（实为氯酸钠）。

17时20分，反应釜完成投料，18时42分33秒，二车间三楼反应釜发生化学爆炸，导致反应釜严重解体，随釜体解体过程冲出的高温甲苯蒸气，迅速与外部空气形成爆炸性混合物并产生二次爆炸，同时引起车间现场存放的氯酸钠、甲苯与甲醇等物料殉爆殉燃和二车间、三车间的着火燃烧。

恒达科技公司操作人员将无包装标识的氯酸钠当作丁酰胺，投入到反应釜中，引起釜内的丁酰胺-氯酸钠混合物发生化学爆炸，爆炸导致釜体解体。

事故暴露出以下问题：

（1）未批先建、违法建设，企业负责人非法组织生产。

（2）企业安全管理极度混乱。

（3）产供销相关单位违法违规生产、经营、储存和运输危险化学品。

（4）招商引资把关不严，没有坚持把安全生产摆在首要位置，对安全生产工作重视不够，属地监管责任落实不力。

山东临沂金誉石化有限公司"6·5"重大爆炸着火事故

2017年6月5日0时58分，山东省临沂金誉物流有限公司车辆驾驶员驾驶液化气运输罐车进入金誉石化有限公司（以下简称金誉石化）厂区并停在10号卸车位准备卸车。驾驶员下车后先后将10号卸车位装卸臂气相、液相快接管口与车辆卸车口连接，并打开气相阀门对罐体进行加压。0时59分10秒，驾驶员把罐体液相阀门打开一半时，液相连接管口突然脱开，大量液化气喷出并急剧气化扩散。驾驶员及当班的金誉石化现场作业人员未能有效处置，致使液化气长时间泄漏，1时1分20秒发生爆炸，并造成事故车辆及其他车辆罐体相继爆炸，罐体残骸、飞火等飞溅物接连导致液化气球罐区、异辛烷罐区、废弃槽罐车、厂内管廊、控制室、值班室、化验室等区域先后起火燃烧。事故导致10人死亡、9人受伤。

事故直接原因：

肇事罐车驾驶员长途奔波、连续作业，在午夜进行液化气卸车作业时，没有严格执行卸车规程，出现严重操作失误，装卸臂快接口两个定位锁止扳把没有闭合，致使卸车臂快接口与罐车液相卸料管未能可靠连接，在开启罐车液相球阀瞬间发生脱离，造成罐体内液化气大量泄漏。现场人员未能有效处置，泄漏后的液化气急剧气化，并迅速扩散，与空气形成爆炸性混合气体，遇到附近生产值班室内在用非防爆电器产生的电火花发生爆炸。

事故暴露出以下问题：

（1）液化气装卸车管控有严重缺陷。液化气装卸车操作规程中未包含液化气卸载过程中安排具备资格的装卸管理人员现场指挥或监控的规定。

（2）物流公司未落实安全生产主体责任，超许可违规经营。对所属车辆处于管理真空状态。

（3）事故应急管理不到位。未根据装卸区风险特点开展应急演练和培训，出现泄漏险情时，现场人员未能及时关闭泄漏罐车紧急切断阀和球阀，未及时组织人员撤离，致使泄漏持续2分多钟直至遇到点火源发生爆燃，造成重大人员伤亡。

山东石大科技石化有限公司"7·16"较大着火爆炸事故

2015年7月16日，山东石大科技石化有限公司液化烃球罐在倒罐作业时发生泄漏着火，引起爆炸，造成2名消防队员受轻伤，直接经济损失2812万元。

事故直接原因：

该公司在进行倒罐作业过程中，违规采取注水倒罐置换的方法，且在切水过程中现场无人值守，致使液化石油气在水排完后从排水口泄出，泄漏过程中产生的静电或因消防水带剧烈舞动，金属接口及捆绑铁丝与设备或管道撞击产生火花引起爆燃。

由于厂区没有仪表风，气动阀临时改为手动操作并关闭了6号罐的根部手阀，事故发生后储罐周边火势较大，不能进入现场打开根部手阀、紧急切断阀和注水线气动阀，无法通过向6号罐注水的方式阻止液化石油气继续排出；罐顶安全阀前后手动阀关闭，瓦斯放空线总管在液化烃罐区界区处加盲板隔离，无法通过火炬系统对液化石油气进行安全泄放。重要安全防范措施无法正常使用，是导致本次事故后果扩大的主要原因。

事故暴露出以下问题：

（1）违规采取注水倒罐置换的方法，严重违反石油石化企业"人工切水操作不得离人"的明确规定，切水作业过程中无人在现场实时监护，排净水后液化气泄漏时未能第一时间发现和处置。

（2）违规将罐区在用球罐安全阀的前后手阀、球罐根部阀关闭，将低压液化气排火炬总管加盲板隔断。

（3）未按照规定要求对重大危险源进行管控。球罐区自动化控制设施不完善，仅具备远传显示功能，不能实现自动化控制；紧急切断阀因工厂停仪表风改为手动，失去安全功效。

山东东营滨源化学有限公司"8·31"爆炸事故

2015年8月31日，山东东营滨源化学有限公司年产2万吨改性型胶粘新材料联产项目二胺车间混二硝基苯装置在投料试车过程中发生爆炸事故，事故造成13人死亡。

事故直接原因：

爆炸事故发生前，该企业先后两次组织投料试车，均因为硝化机温度波动大、运行不稳定而被迫停止。事故发生当天，企业负责人在上述异常情况原因未查明的情况下，再次强行组织试车，在出现同样问题停止试车后，车间负责人违章指挥操作人员向地面排放硝化再分离器内含有混二硝基苯的物料，混二硝基苯在硫酸、硝酸以及硝酸分解出的二氧化氮等强氧化剂存在的条件下，自高处排向一楼水泥地面，在冲击力作用下起火燃烧，火焰炙烤附近的硝化机、预洗机等设备,使其中含有二硝基苯的物料温度升高,引发爆炸。由于后续装置还未完工,事故发生前有多个外来施工队伍在生产区内施工、住宿,造成事故伤亡扩大。

事故暴露出以下问题:

(1)企业安全生产法制观念和安全意识淡漠,无视国家法律,安全生产主体责任不落实。项目建设和试生产过程中,存在严重的违法违规行为,违法建设、违规投料试车、违章指挥、强令冒险作业。

(2)负有安全生产监督管理责任的有关部门履行安全生产监管职责不到位。

河北克尔化工有限公司"2·28"重大爆炸事故

2012年2月28日,河北省赵县克尔化工有限公司发生爆炸事故,造成29人死亡、46人受伤,直接经济损失4459万元。

事故直接原因:

1号反应釜底部保温放料球阀的伴热导热油软管连接处发生泄漏着火后,当班人员处置不当,外部火源使反应釜底部温度升高,局部热量积聚,达到硝酸胍的爆燃点,造成釜内反应产物硝酸胍和未反应的硝酸铵急剧分解爆炸。1号反应釜爆炸产生的高强度冲击波以及高温、高速飞行的金属碎片瞬间引爆堆放在1号反应釜附近的硝酸胍,引发次生爆炸。

事故暴露出以下问题:

(1) 企业生产原料、工艺、设施随意变更。未经安全审查,未经风险评估,擅自将原料尿素变更为双氰胺,擅自更改工艺指标,提高导热油出口温度,使反应釜内物料温度接近了硝酸胍的爆燃点。未制定改造方案,未经相应的安全设计和论证,增设一台导热油加热器,改造了放料系统。

(2) 设备维护不到位,在反应釜温度计损坏无法正常使用时,不是研究制定相应的防范措施,而是擅自将其拆除,造成反应釜物料温度无法及时监控。

(3) 车间管理人员、操作人员专业知识低,多为初中以下文化程度,缺乏化工生产必备的专业知识和技能,未经有效安全教育培训即上岗作业。

山东滨州博兴县诚力供气有限公司"10·8"重大爆炸事故

2013年10月8日,山东省博兴县诚力供气有限公司稀油密封干式煤气柜在生产运行过程中发生重大爆炸事故，共造成10人死亡、33人受伤，直接经济损失3200万元。

事故直接原因：

该公司气柜在运行过程中，因密封油黏度降低、活塞倾斜度超出工艺要求，致使密封油大量泄漏、油位下降，密封油静压小于气柜内压力，活塞密封系统失效，造成煤气由活塞下部空间窜到活塞上部空间，与空气混合形成爆炸性混合气体，遇点火源发生爆炸。

事故暴露出以下问题：

（1）违章指挥，情节严重。在发现气柜密封油油位下降、一氧化碳检测报警仪频繁报警等重大隐患时，没有采取有效的安全措施。特别是事发当天，在气柜密封油出现零液位、检测报警仪满量程报警、煤气大量泄漏的情况下，仍未采取果断措施紧急停车，一直安排将气柜低柜位运行、带病运转，直至事故发生。

（2）设备日常维护管理问题严重，气柜建成投入运行后，没有按规定进行定期检查、维护和保养。

（3）外来施工队伍管理混乱。事故发生前，厂区先后有5个外来施工队伍进行施工，边生产、边施工，甚至在化产车间办公室北侧100米左右搭建临时板房，违规让施工人员生活和住宿，导致事故扩大。

山东新泰联合化工公司"11·19"爆燃事故

2011年11月19日13时56分许，山东新泰联合化工有限公司尿素车间在停车检修三聚氰胺生产装置的道生油冷凝器过程中发生重大爆燃事故，造成15人死亡、4人受伤。

事故直接原因：

在道生油冷凝器维修过程中，未采取可靠的防止试压水进入热气冷却器道生油内的安全措施，因检修人员操作不当，造成四楼平台道生油冷凝器壳程内的水灌入三楼平台热气冷却器壳程内，与高温道生油混合后迅速气化，水蒸气夹带道生油从道生油冷凝器的进气口和出液口法兰间喷出，与空气形成爆炸性混合物，遇点火源发生爆燃。

事故暴露出以下问题：

（1）为尽快恢复生产，赶工期、抢速度，组织了尿素车间两个班的保全员参加维修，事故发生时共有20人在三楼和四楼平台作业，设备焊接、水压试验、安装拆卸交叉进行，一部分人作业，另一部分人休息，现场管理十分混乱。

（2）未制定相关的安全操作流程和规范。

（3）开停车安全条件确认落实不到位。操作人员对开停车中可能遇到的危险有害因素未进行辨识，未采取必要的应急措施。

（4）危险因素辨识和风险评价不到位。

（5）对生产设备的检测维护不到位，未建立有效的设备管理程序。

广西河池广维化工股份有限公司"8·26"爆炸事故

2008年8月26日，广西壮族自治区河池市广维化工股份有限公司有机厂发生爆炸事故，造成21人死亡、59人受伤，厂区附近3公里范围共11500多名群众疏散，事故造成直接经济损失7586万元。

事故直接原因：

储存合成工段醋酸和乙炔合成反应液的CC-601系列储罐液位整体出现下降，导致罐内形成负压并吸入空气，与罐内气相物质（90%为乙炔）混合形成爆炸性混合气体，并从液位计钢丝绳孔溢出，被钢丝绳与滑轮升降活动产生的静电火花引爆，随后罐内物料流出，蒸发成大量可燃爆蒸气云随风扩散，遇火源发生波及全厂的大爆炸和火灾。

事故暴露出以下问题：

（1）企业没有将罐场作为重大危险源实施管理和监控，未对罐区工艺缺陷和设备隐患实施应有的改造和治理。

（2）中介机构对罐区场所作的评价建议不到位。

（3）河池市政府及相关部门安全生产监管不到位。

江苏射阳盐城氟源化工公司临海分公司"7·28"氯化塔爆炸事故

2006年7月28日，江苏省盐城市射阳县盐城氟源化工有限公司临海分公司1号厂房氯化反应塔发生爆炸，造成22人死亡、3人重伤、26人轻伤。

事故直接原因：

在氯化反应塔冷凝器无冷却水、塔顶没有产品流出的情况下没有立即停车，而是错误地继续加热升温，使物料（2,4-二硝基氟苯）长时间处于高温状态，最终导致其分解爆炸。

事故暴露出以下问题：

（1）该项目没有执行安全生产相关法律法规，在新建企业未经设立批准（正在后补设立批准手续)、生产工艺未经科学论证、建设项目未经设计审查和安全验收的情况下,擅自低标准进行项目建设并组织试生产,而且违法试生产5个月后仍未取得项目设立批准。

(2)该企业违章指挥、违规操作,现场管理混乱,边施工、边试生产,埋下了事故隐患。现场人员过多,也是扩大人员伤亡的重要原因。

重庆开县"12·23"特大井喷事故

2003年12月23日,重庆市开县高桥镇罗家寨发生特大井喷事故。富含硫化氢的气体从钻具水眼喷涌达30米高程,硫化氢浓度达到100 ppm以上,失控的有毒气体随空气迅速向四周弥漫。事故导致9.3万余人受灾,6.5万余人被迫疏散转移,243人员遇难,直接经济损失达8200余万元。

事故直接原因:

钻井作业人员违章指挥、违章作业,拆除防井喷装置,在发生井喷事故后,又未及时安排点火,致使含有硫化氢的气体大量扩散。

事故暴露出以下问题:

(1)企业安全生产管理力度不够,埋下了重大安全隐患。含硫高产天然气水平井的钻井工艺不成熟，有关人员对罗家 16 井的特高出气量估计不足。在起钻前，钻井液循环时间严重不够；在起钻过程中，违章操作，钻井液灌注不符合规定。未能及时发现溢流征兆，没有及时采取放喷管线点火措施，使大量含有高浓度硫化氢的天然气喷出扩散，周围群众疏散不及时，导致大量人员中毒伤亡。

（2）企业应急预案未建立，基础设施建设和社会公益事业发展相对滞后，严重制约防灾抗灾能力的发挥。

（3）企业宣传不到位，群众安全意识和防范知识严重缺乏。

陕西兴化集团公司"1·6"硝酸铵爆炸事故

1998 年 1 月 6 日，陕西省兴化集团公司硝铵装置发生爆炸，造成 22 人死亡、58 人受伤，直接经济损失 7000 万元。

事故直接原因：

供氨系统不平衡，氨系统累积的含油和含氯根的液体从气氨带入硝铵生产系统。含油和含氯根高的硝铵溶液，在造粒系统停车的状态下温度升高，自催化分解放热，在极短的时间内，分解产生的高热和大量高温气体产物积聚，导致燃烧爆炸。

事故暴露出以下问题：

对氯离子在硝铵生产中的危险性认识不足。

天津津西大华化工厂"6·26"化工原料爆炸事故

1996年6月26日，天津津西大华化工厂发生爆炸事故，造成19人死亡、14人受伤，直接经济损失120多万元。

事故直接原因：

事发前几日持续高温，厂房房顶为石棉瓦，隔热性差，高温促进了氧化剂的燃烧过程。氧化剂氯酸钠和有机物发生氧化反应放热，热量又加速其氧化反应，该循环最终导致有机物和可燃物燃烧。救火过程中泼向强氧化剂（$NaClO_3$）的酸性水，加速了氧化剂的氧化分解过程，产生大量氯酸。氯酸及强氧化剂（$NaClO_3$）混合物爆炸产生的高温高压气体引起了2，4-二硝基苯胺的爆炸。

事故暴露出以下问题：

（1）企业管理混乱，强氧化剂和有机物混放。

（2）易燃易爆物品的包装、存放不符合要求。

强氧化剂只用塑料袋和编织袋两层包装。

（3）厂区布局不合理。厂房、办公室、宿舍、仓库距太近，造成事故扩大。

辽宁辽阳庆阳化工厂"2·9"爆炸事故

1991年2月9日，辽宁省辽阳市庆阳化工厂二分厂TNT生产线发生特大爆炸事故，造成17人死亡、13人重伤、94人轻伤，直接经济损失2000万元。

事故直接原因：

硝酸加料阀内漏，反应后移，导致反应不完全的硝化物进入分离器之后继续反应，从而造成分离器压盖冒烟起火，随着火势蔓延，导致爆炸。

事故暴露出以下问题：

（1）设备维护存在缺陷，未及时发现内漏的阀门。

（2）对异常工况处理不当。

上海高桥石化炼油厂"10·22"液化气爆燃事故

1988年10月22日，上海高桥石化总公司炼油厂小梁山球罐区发生一起液化气爆燃事故，造成26

人死亡、15人被烧伤。

事故直接原因：

该厂油品车间球罐区的作业人员正在对一液化气球罐进行开阀脱水操作，操作人员未按规程操作，边进料边脱水，致使水和液化气一同排出，通过污水池大量外逸。逸出的液化气随风蔓延扩展，遇球罐区围墙外临时工棚内取暖炉中的明火，引发大火。

事故暴露出以下问题：

（1）紧靠球罐西墙外6米处简易仓储用房错误地改作外来施工人员的住房，造成了事故扩大。

（2）管理不严，劳动纪律松弛。当班7人中，有2人睡岗、3人离岗，其余2人是9月份入厂实习的大学生。

（3）制度执行差。该罐区试产前虽然制定了巡检制度，但一直没有很好地实施。

（4）"三同时"贯彻不力，该罐区是新建罐区，虽然安装了报警器，但未投用，当液态烃逸出时没有发挥作用。

重庆长寿化工总厂污水池"5·4"爆炸事故

1987年5月4日，重庆市长寿化工总厂污水处理车间发生爆炸事故，造成 12 人死亡、6 人受伤，经济损失 151.22 万元。

事故直接原因：

在未办理动火作业手续的情况下，电话请示公司副经理得到口头许可，即开始对污水处理分流槽管线法兰实施焊接作业。焊接火花引燃了分流槽内的易燃物，引起大火，继而引燃了污水处理池内的乙烯基乙炔、乙醛、乙炔等易燃气体，发生爆炸。

事故暴露出以下问题：

（1）特殊作业管理有缺陷。未办理动火作业手续的情况下便开始动火作业。

（2）风险辨识不到位。未辨识出污水处理分流槽可能存在爆炸的风险。

福建福鼎县制药厂"3·9"冰片车间汽油爆炸事故

1982 年 3 月 9 日，福建福鼎县制药厂冰片车间发生汽油爆炸事故，造成 65 人死亡、35 人受伤，直接经济损失 39 万余元，间接经济损失 367.7 万余元。

事故直接原因：

操作工用聚氯乙烯管到结晶槽内抽油（冰片制

作过程中，汽油作冰片结晶溶解液），因无接地装置的聚氯乙烯管在抽油过程中产生静电引发火灾。火灾发生后，指挥失误，灭火方法不当，引出火种，连续爆燃，封死退路，导致事故扩大。

事故暴露出以下问题：

（1）应急措施不当，指挥失误。起火之初，开始火焰并不大，但因结晶工段易燃品遍布，火势迅速蔓延。加之厂领导指挥失误，一拥而上，灭火方法不当，引出火种，连续爆燃，封死退路，燃烧2个多小时，造成人员伤亡扩大。

（2）对防静电认识不到位，采用聚氯乙烯管抽油。

（3）厂房设备简陋，生产条件差。如冰片车间系甲类防火危险性生产单位，而厂房却是三级耐火等级的建筑物，厂区十分拥挤，不符合国家颁布的有关安全规定。随着生产的发展，产量直线上升，结晶槽数也越来越多，排放越来越密，从而留下了事故隐患。

温州电化厂"9·7"液氯钢瓶爆炸事故

1979年9月7日13时55分，浙江省温州电化厂液氯工段一只容积为415升、充装量为0.5吨的液氯钢瓶发生了猛烈的爆炸。爆炸气瓶的碎片撞击到其附近的液氯钢瓶上，加上爆炸时产生的冲击波，又导致4只液氯钢瓶爆炸，5只液氯钢瓶被击穿，另有13只钢瓶被击伤和产生严重变形。爆炸时强大的气浪将414平方米钢筋混凝土结构的液氯工段厂房全部摧毁，并造成周围办公楼及厂区周围280余间民房不同程度的损坏。爆炸中心水泥地面上留下了深1.82米、直径为6米的大坑，爆炸碎片最远的飞出830余米。爆炸后共泄出10.2吨液氯，其扩散后面积共波及7.35平方千米。事故共造成59人死亡，779人住院治疗，420余人到医院门诊治疗，直接经济损失达63万余元。

事故直接原因：

最初爆炸的液氯钢瓶，在用户厂家使用氯气生产氯化石蜡过程中，在液氯钢瓶与生产设备的连接管路上没有安装逆止阀、缓冲罐或其他防倒灌装置，致使氯化石蜡倒灌入液氯钢瓶。电化厂液氯工段在液氯充装前没有对液氯钢瓶进行检查和清理，在再次充装液氯时，氯化石蜡和液氯发生化学反应，温度、压力骤然升高，致使钢瓶发生粉碎性爆炸。

事故暴露出以下问题：

（1）液氯使用单位违反相关规定。在没有防止倒灌的技术措施情况下，采用开真空的方式将瓶内余氯吸尽用光，导致氯化石蜡倒灌入钢瓶。

（2）企业管理混乱，违反相关规定。在灌装液氯时，在充装前未对进厂的空瓶进行重复检查。

二、仓储经营及管道

天津港"8·12"特别重大火灾爆炸事故

2015年8月12日，位于天津市滨海新区的瑞海公司危险品仓库运抵区起火，随后发生两次剧烈的爆炸。事故造成165人遇难、8人失踪，798人受伤住院治疗，304幢建筑物、12428辆商品汽车、7533个集装箱受损，直接经济损失68.66亿元人民币。

事故直接原因：

瑞海公司危险品仓库南侧集装箱内的硝化棉由于湿润剂散失出现局部干燥，在高温天气等因素的作用下加速分解放热，积热自燃，引起相邻集装箱内的硝化棉和其他危险化学品大面积燃烧，导致违规存放于运抵区的硝酸铵等危险化学品发生爆炸。

事故暴露出以下问题：

（1）未批先建、边建边经营危险货物堆场。

（2）未按规定制定应急预案并组织演练。

（3）相关部门违法违规实施行政许可和项目审批。玩忽职守，日常监管严重缺失。

（4）中介及技术服务机构弄虚作假，违法违规进行安全审查、评价和验收等。

山东青岛"11·22"输油管道泄漏爆炸特别重大事故

2013年11月22日10时25分，位于山东省青岛市经济技术开发区的中石化管道储运分公司东黄输油管道泄漏原油进入市政排水暗渠，在形成密闭空间的暗渠内油气积聚遇火花发生爆炸，造成62人死亡、136人受伤。

东黄输油管道起自山东省东营市东营首站，止于青岛市经济技术开发区黄岛油库，采用地埋方式敷设。11月22日2时12分，潍坊输油处调度中心发现输油管道泄漏，随即通知抢维修中心安排人员赴现场抢修。为处理泄漏的管道，现场决定打开暗渠盖板。现场动用挖掘机，采用液压破碎锤进行打孔破碎作业，作业期间发生爆炸。爆炸时间为2013年11月22日10时25分，爆炸造成排水暗渠和海上泄漏的原油燃烧。

事故直接原因：

输油管道与排水暗渠交汇处管道腐蚀减薄、管道破裂、原油泄漏，流入排水暗渠及反冲到路面。原油泄漏后，现场处置人员采用液压破碎锤在暗渠盖板上打孔破碎，产生撞击火花，引发暗渠内油气爆炸。

事故暴露出以下问题：

（1）风险管理存在缺陷，没有辨识出重大风险，对严重度评估不足；风险管控不到位，没有检查出管道腐蚀严重等安全隐患。

（2）应急预案管理存在缺陷。预案没有启动，预案与实际操作脱节。

（3）开发区规划建设混乱，事故地段审批把关不严。

大连中石油保税区油库"7·16"火灾

2010年7月16日，大连中石油国际储运有限公司原油罐区输油管道发生爆炸，造成原油大量泄漏并引起火灾，原油流入附近海域，造成环境污染。事故还造成1名作业人员失踪，灭火过程中1名消防战士牺牲。

事故直接原因：

在油轮暂停卸油作业的情况下，没有同步停止注入脱硫剂，而是继续加入大量脱硫化氢剂（含85%双氧水），造成双氧水在加剂口附近输油管段内局部富集；输油管内高浓度的双氧水与原油接触发生放热反应，致使管内温度升高；在温度升高的情况下，亚铁离子促进双氧水的分解，使管内温度和压力加速升高，形成"分解—管内温度压力升高—分解加快—管内温度、压力快速升高"的连续循环，引起输油管道中双氧水发生爆炸，初次爆炸后的一系列爆炸，导致原油泄漏，引发火灾。

事故暴露出以下问题：

（1）安全主体责任不落实。整个罐区管理混乱，层次较多，没有执行"谁主管，谁负责"的原则，造成安全主体责任不落实，安全监管不到位。

（2）变更管理严重缺失。原油硫化氢脱除剂原由瑞士SGS公司供应，后改为天津一公司供应，而硫化氢脱除剂的活性组分也由有机胺类变更为双氧水，但是企业没有针对这一变更进行风险分析。

（3）企业对承包商监管不力。企业对加入的原油脱硫化氢剂的安全可靠性没有进行科学论证，直接将原油脱硫化氢处理工作包给承包商。而在加剂过程中，事故单位作业人员在明知已暂停卸油作业的情况下，没有及时制止承包商的违规加注行为。

（4）应急设施基础薄弱。事故造成电力系统损坏，消防设施失效，罐区停电，使得其他储罐的电控阀门无法操作，无法及时关闭周围储罐的阀门，导致火灾规模扩大。

江苏南京"7·28"丙烯管道泄漏爆燃事故

2010年7月28日，江苏省南京市栖霞区发生一起丙烯爆燃事故，造成22人死亡、120人受伤。

事故直接原因：

在原南京塑料四厂旧址，平整拆迁土地过程中，施工队伍盲目施工，现场作业负责人在明知拆除地块内有地下丙烯管道的情况下，没有掌握地下丙烯管道的位置和走向，违章指挥，野蛮操作，造成管道被挖穿。管道内存有的液态丙烯泄漏，泄漏的丙烯蒸发扩散后，遇到明火引发大范围空间爆炸，同时在管道泄漏点引发大火。

事故暴露出以下问题：

（1）现场施工安全管理缺失，施工队伍盲目施工。现场作业负责人在明知拆除地块内有地下丙烯管道的情况下，没有掌握地下丙烯管道的位置和走向，违章指挥，野蛮操作，造成管道被挖穿。

（2）栖霞区迈燕开发办、迈皋桥街道、栖霞区拆迁办等单位违规组织实施塑料四厂地块拆除工程；违反区政府旧房拆除工程应公开招投标的规定，直接指定鸿运公司组织的施工队伍负责塑料四厂地块的拆除工程，且未履行业主应承担的安全管理工作职责。

（3）塑料四厂和塑胶公司在发现塑料四厂厂区内有机械施工作业，可能危及地下丙烯输送管道安全时，未能有效制止施工队伍的野蛮施工，负有监管不力的责任。

深圳清水河化学危险品仓库"8·5"特大爆炸火灾事故

1993年8月5日，深圳市安贸危险物品储运公司清水河危险化学品仓库发生特大爆炸事故，造成15人死亡、200人受伤，其中重伤25人，直接经济损失2.5亿元。

事故直接原因：

清水河的干杂仓库被违章改作危险化学品仓库，

且大量氧化剂高锰酸钾、过硫酸铵、硝酸铵、硝酸钾等与强还原剂硫化碱、可燃物樟脑精等混存在仓库内。氧化剂与还原剂接触发生反应放热引起燃烧，导致3000多箱火柴和总量约210多吨的硝酸铵着火，后引发爆炸，1小时后着火区又发生第二次强烈爆炸，造成更大范围的破坏和火灾。

事故暴露出以下问题：

（1）氧化物与自燃物违规混堆存放。

（2）仓库不具备储存危险化学品所需的消防安全条件，企业有弄虚作假行为。

（3）企业所有从业人员没有接受过危险货物储运专业培训。

山东黄岛油库"8·12"重大火灾事故

1989年8月12日，黄岛油库发生重大火灾爆炸事故，造成19人死亡、100多人受伤，直接经济损失3540万元。

事故直接原因：

黄岛油库2.3万平方米原油储量的5号混凝土油罐由于本身存在缺陷，遭受对地雷击，引起油气爆燃着火，导致附近储罐的爆燃。随后火焰席卷了整个库区并波及了附近的其他单位。外溢的原油流入了胶州湾，造成了海洋污染。

事故暴露出以下问题：

（1）油库规划不合理，储油规模过大，生产布局不合理。

（2）混凝土油罐先天不足，固有缺陷不易整改，大多数因陋就简，忽视消防安全和防雷、避雷设计。

（3）消防设计错误，设施落后，力量不足，管理工作跟不上。

（4）油库安全生产管理存在漏洞，对之前的雷击事故未引起重视。

吉林液化气站"12·18"特大爆炸事故

1979年12月18日14点7分，吉林市煤气公司液化气站的102号400平方米液化石油气球罐发生破裂，大量液化石油气喷出，顺风向北扩散，遇明火发生燃烧，引起球罐爆炸。由于该罐爆炸燃烧，大火烧了19小时，致使5个400平方米球罐、4个450平方米卧罐和8000多只液化石油气钢瓶（其中空瓶3000多只）爆炸或烧毁，罐区相邻的厂房、建筑物、机动车及设备等被烧毁或受到不同程度的损坏，400米远相邻的苗圃、住宅建筑、拖拉机、车辆也受到损坏，造成36人死亡，50人重伤，直接经济损失约627万元。

事故直接原因：

该球罐自投用后两年零两个月使用期间，经常处于较低容量，只有3次达到额定容量，第三次封装后4天，即在18日破裂。

事故发生前在上、下环焊壁焊趾的一些部位已存在纵向裂纹，这些裂纹与焊接缺陷（如咬边）有关。球罐投入使用后，从未进行检验，制造、安装中的先天性缺陷未被及时发现和消除，使裂纹扩展，当罐内压力稍有波动便造成低应力脆性断裂。

事故暴露出以下问题：

（1）设备管理存在严重问题。该罐投用后，一直没有进行过检查，未发现裂在环焊缝存在的裂痕。

（2）设备制造存在严重缺陷。根据断口特征和断裂力学的估算，该球罐的破裂是属于低应力的脆性断裂，主断裂源在上环焊缝的内壁焊趾上，长约65毫米。经宏观及无损检验，上、下环焊缝焊接质量很差，焊缝表面及内部存在很多咬边、错边、裂纹、熔合不良、夹渣及气孔等缺陷。

三、运输

山西晋城"3·1"特别重大
道路交通危险化学品燃爆事故

2014年3月1日14时45分许，位于山西省晋城市泽州县的晋济高速公路山西晋城段岩后隧道内，两辆运输甲醇的铰接列车追尾相撞，前车甲醇泄漏起火燃烧，造成40人死亡、12人受伤、42辆车烧毁。

事故直接原因：

后车驾驶员未能及时发现前车，距前车仅五六米时才采取紧急制动措施，且存在超载行为，影响刹车制动。车辆起火燃烧的原因是，前车罐体未按标准规定安装紧急切断阀，造成甲醇泄漏，追尾造成电气短路后，引燃泄漏的甲醇。

事故暴露出以下问题：

（1）企业安全主体责任不落实。

（2）晋济高速公路煤焦管理站违规设置指挥岗加重了车辆拥堵。

（3）湖北东特车辆制造有限公司、河北昌骅专用汽车有限公司销售不合格产品。

（4）交通运输管理部门对危险货物道路运输安全监管不力，对高速公路管理和拥堵信息处置不力。

（5）违规出具检验报告。危险化学品罐式半挂车实际运输介质均与设计充装介质、公告批准、合格证记载的运输介质不相符。

沪昆高速湖南邵阳段"7·19"特别重大道路交通危险化学品燃爆事故

2014年7月19日2时55分，一轻型仓栅式货车（核载1.58吨，实载乙醇6.52吨）行驶至沪昆高速公路湖南邵怀段1309公里处时，在左侧车道追尾碰撞因前方交通事故受阻、停车等候通行的大型客车。碰撞发生后，轻型仓栅式货车装载的乙醇泄漏、燃爆，导致该货车、大型客车以及停在大型客车前方的1辆小型客车、停在右侧车道的2辆大货车被烧毁，造成43人死亡、6人受伤。

事故直接原因：

轻型仓栅式货车高速撞上前方停车排队等候的大客车尾部，车厢内装载乙醇的聚丙烯材质罐体受到剧烈冲击，导致焊缝大面积开裂，乙醇瞬间大量泄漏并迅速向大客车底部和周边弥漫，轻型仓栅式货车车头右前部由于碰撞变形造成电线短路产生火花，引燃泄漏的乙醇，火焰迅速沿地面蔓延。

事故暴露出以下问题：

（1）违法运输和充装乙醇。

（2）安全生产主体责任落实不到位，对承包经营车辆管理不严格。

（3）非法改装车辆和加装罐体。

包茂高速公路"8·26"甲醇运输罐车追尾燃烧事故

2012年8月26日2时许，陕西延安市境内，包茂高速公路安塞服务区南出口处发生特大交通事故，一辆双层卧铺客车和一辆甲醇运输罐车追尾后两车起火，造成36人死亡。发生事故的客车核载39人，实载39人，事故发生后仅有3人逃生。

事故直接原因：

（1）卧铺大客车驾驶人遇重型半挂货车从匝道驶入高速公路时，本应能够采取安全措施避免事故发生，但因疲劳驾驶而未采取安全措施，其违法行为是导致卧铺大客车追尾碰撞重型半挂货车的主要原因。

（2）重型半挂货车驾驶人从匝道违法驶入高速公路，在高速公路上违法低速行驶，其违法行为也是导致卧铺大客车追尾碰撞重型半挂货车的次要原因。

事故暴露出以下问题：

（1）呼运（集团）有限责任公司未严格执行《内蒙古呼运（集团）有限责任公司驾驶员落地休息制度》；未认真督促事故大客车在凌晨2点至5点期间停车休息；开展道路运输车辆动态监控工作不到位，对事故大客车驾驶人夜间疲劳驾驶的问题失察。

（2）孟州市汽车运输有限责任公司安全管理制度不健全，安全管理措施不落实；未纠正事故重型半挂货车驾驶人没有在公司内部备案、没有参加过安全教育培训等问题；未认真开展危险货物运输动态监控工作，对事故重型半挂货车未按规定配备两名合格驾驶人和超量装载危险货物等问题失察。

京珠高速河南信阳"7·22"特别重大卧铺客车燃烧事故

2011年7月22日，京珠高速公路河南省信阳市境内发生一起特别重大卧铺客车燃烧事故，造成41

人死亡、6人受伤，直接经济损失2342.06万元。

事故直接原因：

大型卧铺客车违规运输15箱共300千克危险化学品偶氮二异庚腈并堆放在客车舱后部，偶氮二异庚腈在挤压、摩擦、发动机放热等综合因素作用下受热分解并发生爆燃。

事故暴露出以下问题：

（1）客运站安全管理混乱，安全生产工作以包代管。

（2）交通运输部门监督检查工作不到位。

（3）违规销售、运输危险化学品，销售的偶氮二异庚腈没有化学品安全技术说明书与安全标签。

京沪高速江苏淮安段"3·29"危险品泄漏中毒事故

2005年3月29日19时许，京沪高速公路南行线沂淮江段103公里500米处，一辆装运40.44吨液氯（核载15吨）罐式半挂货车因左前轮突然爆胎，方向失控撞毁中央护栏，冲入对向车道并发生侧翻，与对向驶来的半挂车碰撞，液氯罐车所载液氯泄漏。事故造成29人中毒死亡，456人中毒住院治疗，1867人门诊留治。

事故直接原因：

装运40.44吨液氯（核载15吨）罐式半挂货车因左前轮突然爆胎，方向失控撞毁中央护栏，冲入对向车道并发生侧翻，与对向驶来的半挂车碰撞，液氯罐车所载液氯泄漏。

事故暴露出以下问题：

（1）肇事液氯重型罐式半挂货车严重超载，核定载质量为15吨，事发时实际运载液氯多达40.44吨，超载169.6%。

（2）车辆违规使用报废轮胎，导致左前轮爆胎，在行驶的过程中车辆侧翻，致使液氯泄漏。

（3）肇事车驾驶员、押运员在事故发生后逃离现场，失去最佳救援时机，直接导致事故后果的扩大。

（4）车辆没有办理危险品道路运输通行证，属于违法运输。

江西上饶"9·2"一甲胺泄漏中毒事故

1991年9月2日，江西省贵溪县农药厂一辆装载2.4吨一甲胺的危险化学品运输车辆发生泄漏，大量的一甲胺液体迅速气化，并由断口处喷出。致使周围23万平方米范围内的居民和行人中毒，事故当场造成6人死亡、595人中毒。截止到9月29日24时，累计有37人因中毒过重经抢救无效死亡。此外，现场附近牛猪鸡鸭等畜禽和鱼类大批死亡，树木和农作物枯萎，环境被严重污染，给当地人民群众的生命和财产造成了严重损失。

事故直接原因：

危险化学品运输车辆违章驶入村镇，碰到桑树枝干，撞断车上槽罐液相管，致使罐内一甲胺全部外泄。

事故暴露出以下问题：

（1）未按企业管理标准，制定危险物品运输安全措施。

（2）企业安全教育工作不力，对危险化学品运输管理与司机安全教育工作松懈，安全环节严重失控。

（3）牵涉在该事故之内的鹰潭市锅检所违反国家有关规定，从事与身份不符的活动，知法犯法，对该起事故的发生起了推波助澜的作用。

（4）国家在化学危险品运输、储存、使用方面的安全法规不够健全，配套法规少，缺乏可操作性。

四、国外事故

印度博帕尔"12·3"异氰酸甲酯泄漏事故

1984年12月3月,印度中央邦首府某联碳公司农药厂异氰酸甲酯(MIC)泄漏事故,造成4000名居民中毒死亡,200000人深受其害。

事故直接原因：

维修人员清洗工艺管道上的过滤器作业前,没有安装盲板以实现隔离。由于腐蚀作用,储罐进料管上的阀门发生内部泄漏,使冲洗水进入了MIC储罐,水和光气反应生成强腐蚀性氯离子,氯离子又和不锈钢罐反应释放出铁离子和大量热,导致氯离子和MIC作用放出更多热,加上金属反应释放出氯化物离子,导致罐中剧烈反应开始,并放出大量热,使罐内液体温度升高,MIC气化,防爆膜破裂,安全阀打开,最后使罐壁破裂,漏出大量MIC。漏出的MIC喷向氢氧化钠洗涤器,因该洗涤器能力太小,不可能将MIC全部中和。最后排至燃烧塔,但结果燃烧塔也未发挥作用。事故发生后,工厂操作人员忽视所发生的泄漏,在发现泄漏2小时后才拉响警报,MIC的泄漏持续了约 45~60 分钟。在这期间，居住在工厂周围许多人，因为眼睛和喉咙受到刺激从睡梦中惊醒，并很快丧失了生命，造成伤亡人员大量增加。

事故暴露出以下问题：

美国联合碳化印度有限公司始建于 1969 年，从 1980 年起生产杀虫剂西维因。1980 年，公司决定由一名印度本地员工接替厂长。新厂长有很好的财务背景，但是对于安全和生产相关内容知之甚少。从 1982 年起，由于干旱等原因，印度国内市场对于该工厂的产品需求减少，工厂停产了 6 个月。期间，工厂管理层采取了一系列措施来节约成本，诸如：

（1）缩短员工的培训时间。将操作人员的培训时间由 6 个月减少至 15 天。

（2）减少员工数量。原本每个班组有 1 名班组主管、3 名领班、12 名操作工和 2 名维修工，后来减少至 1 名领班和 6 名操作工。

（3）尽量聘请廉价的承包商（尽管他们缺乏经验）和采用便宜的建造材料。

（4）减少对工艺设备的维护和维修（包括对关键安全设施的维护）。

（5）停用冷冻系统。发生事故的 MIC 储罐本来有一套冷冻系统，其设计意图是使 MIC 的储存温度保持在 0 摄氏度左右，为了节约成本，工厂停用了该冷冻系统。

美国得克萨斯州英国石油公司（BP）"3·23"爆炸事故

2005 年 3 月 23 日 13 时 20 分左右，英国石油公司（BP）位于美国得克萨斯州（Texas）的炼油厂异构化装置发生了严重的火灾爆炸事故，该事故为美国作业场所近 20 年间最严重的灾难。事故造成 15 人死亡、180 余人受伤，其中 66 人重伤，爆炸冲击波迅速波及了整个异构化装置，40 个活动板房、70 辆汽车、20 个储罐被炸坏，异构化装置北面 1.2 千米范围内的房屋或商业玻璃被震碎，直接经济损失超过 15 亿美元。

事故直接原因：

在异构化装置开车前，刚刚完成了检修作业，由于工艺安全协调员对异构化装置不熟悉，所以在开车时没有开展启动前的安全检查。在检修的过程中操作工指出塔底的液位远传及现场的视镜存在问题，但是由于检修时间紧迫，只是对液位计的隔离阀进行了更换，对压力控制阀存在故障，并没有下工作单进行维修，但在开车前直管经理却签字确认了所有的仪表都经过了测试。

3月22日夜班班组得到了残液分离塔开车的指令，由于塔底液位和液位开关故障，且塔底没有安装其他液位指示或者自动安全设施，残液从塔溢流进入塔顶气相管线，在管线内产生了液柱的静压，加上塔内的压力就超过了塔顶安全阀设定值，安全阀起跳后残液进入了放空系统。从烟囱喷出的高温残液在烟囱周边扩散，当时时速为8千米/小时的西北风加剧了可燃气体的扩散。最可能的点火源是停在距放空罐约7.6米并且没有熄火的柴油皮卡车，可燃气被点燃后，火焰迅速传播到整个蒸气云团，并导致了爆炸。事故发生时另外有大约800名承包商员工在现场正在进行检修作业，造成事故扩大。

事故暴露出以下问题：

（1）BP集团因投资失败、生产经营等压力严重影响了得克萨斯州炼油厂的过程安全绩效。

（2）BP董事会没有有效的监管BP的安全文化和重大事故调查程序，董事会没有成员负责评估和验证BP的重大事故危害预防程序的执行情况。

（3）错误地依赖于低人员受伤率作为安全绩效指标，而没有做好过程安全绩效指标和健康的文化。

(4) BP机械完整性管理的缺陷导致得克萨斯州炼油厂的工艺设备运转失效。

(5) BP得克萨斯州炼油厂流行着检查签字作风，人员在完成安全及程序要求时，即使没有满足要求仍然会签字。

(6) BP得克萨斯州公司缺乏报告和学习文化。员工没有被鼓励去报告安全行为和一些不安全行为；通常没有安排关于事故、隐患的学习。

英国弗利克斯堡耐普罗公司"6·1"爆炸事故

1974年6月1日，英国林肯郡弗利克斯堡的英国耐普罗公司发生爆炸事故，造成28人死亡、数百人受伤。爆炸导致周围大片的农田被破坏，约2000间房屋受损，经济损失达2.544亿美元。因大量的有毒气体环己烷泄漏，当地村民被紧急疏散，使弗利克斯堡成为一座无人的"鬼城"。专家根据爆炸的情况，推算出此次爆炸的威力相当于约20吨TNT炸药爆炸当量。

事故直接原因：

英国耐普罗公司是一家以生产己内酰胺和硫酸铵肥料为主的化工厂，该厂的环己烷车间有6座串联式的氧化反应槽，以环己烷为原料制成己内酰胺。1974年3月27日傍晚，反应系统中的5号氧化反应槽的碳钢外壳出现1.5米长的裂纹，造成环己烷外泄。经厂务会讨论，厂长与相关技术人员认为停车检修需要3~6个月。可当时英国国内对己内酰胺的需求甚急，厂方最终决定将5号氧化反应槽搬离，并在4号氧化反应槽和6号氧化反应槽之间连接一根管线，以维持生产。4月1日下午，现场进行打压测漏，发现有漏气现象，工作人员找到漏点，拆下焊补后装回原位，随后多次进行补漏。6月1日下午，开始有可燃性气体外泄，但无人发现。将近16时，空气中弥漫着大量的可燃气体，并向外扩散。2分钟后，可燃气体在氢气二车间遇点火源着火，随即发生爆炸。

事故暴露出以下问题：

（1）维修过程无详细规划，未进行变更管理。连接两个氧化反应槽管线的设计图，并不是由经验丰富的工程师设计的，而且还是用粉笔粗略地画在了地上。工厂的人事管理及生产工艺设备变更管理不善。

（2）硝酸盐腐蚀氧化反应槽。5号氧化反应槽外壳的裂纹是由硝酸盐产生的应力腐蚀所致。当发现5号氧化反应槽有裂纹时，该厂未对其他氧化反应槽进行检查，没有查找形成裂纹的原因，也没有采取相应措施。

（3）厂内建筑物、设备的布局不合理。该厂控制室、实验室、办公室等皆位于爆炸中心点附近，且控制室是木质结构。厂内储存着过多的危险性可燃物质。事发时，该厂储存着1500平方米的环己烷、300平方米的石脑油、50平方米的甲苯、120平方米的苯、2046平方米的汽油，而该厂经过许可的危险物质储存量仅为32平方米的石脑油和6.8平方米的汽油。

（4）员工缺乏紧急应变能力。事故发生时，厂内员工未立即启动紧急应变处理程序，各相关人员也缺乏紧急应变能力的训练。

美国韦斯特化肥厂"4·17"爆炸事故

2013年4月17日，得克萨斯州韦科市韦斯特化肥厂发生了一起着火和爆炸事故。事故导致15人死亡（消防人员灭火时发生爆炸，导致12名消防员遇难）、260多人受伤。爆炸彻底损毁了韦斯特化肥厂，造成厂区外的150栋房屋受损，这次事故所有的保险损失预计约23亿美元。

事故直接原因：

该化肥厂储存危险化学品 24.5 吨无水氨和 270 吨硝酸铵，因现场有点火源，造成硝酸铵受热爆炸。

事故暴露出以下问题：

（1）涉嫌违规储存。使用易燃材料来建设仓库和硝酸铵的存储间，把易燃物存储在化肥级硝酸铵的堆场附近。

（2）监管责任缺失。该化肥厂危险化学品储量靠"自觉"上报数据，由于州卫生部门与国土安全部没有共享这一数据的机制，导致国土安全部直到爆炸发生后，才得知有这家化肥厂。

（3）公共设施选址不当。韦斯特化肥厂距离最近的居民区约 81 米，距离棒球场约 18 米，多年以来，随着城市的发展，导致韦斯特化肥厂周边的土地都进行了开发，包括公园（不足 45.7 米）、公寓、最近的居民区（113 米），西边的初中（61 米），西边的高中（152 米），化肥厂附近还有养老院、韦斯特社区、学校和一街之隔的公园，爆炸后造成厂外人员伤亡。

（4）消防应对缺陷。消防人员灭火时发生爆炸，导致 12 名消防员遇难。企业没有火灾探测系统来提醒应急人员或者自动喷水灭火系统在初期火灾时灭火。

委内瑞拉法尔孔州阿穆艾炼油厂"8·25"爆炸事故

2012年8月25日凌晨1点11分,位于委内瑞拉法尔孔州的帕拉瓜纳半岛的委内瑞拉最大炼油厂储油区由于天气原因,外泄的丙烷气体在该区域不断聚集,遇到火种后发生爆炸,并引发2个石脑油储罐起火。火势蔓延到了炼油厂周边地区,爆炸产生的冲击波导致炼油厂对面的委内瑞拉国民警卫队营房、200幢民房和10家商店遭到破坏。事故造成48人死亡、超过80人受伤。

事故直接原因:

丙烷和丁烷泄漏,形成蒸气云团,遇点火源发生爆炸,爆炸又引发2个储罐着火。

事故暴露出以下问题:

(1)企业事故应急处置存在很多问题,应急预案未能发挥作用。

(2)设备管理存在缺失,防泄漏措施不到位。

(3)由于企业裁员,造成人员培训未到位。

泰国清迈地区水果加工厂"9·19"爆炸事故

1999年9月19日，泰国清迈地区泰市北部的洪泰 Kaset Pattana 水果加工厂发生爆炸，造成35人死亡、40多人失踪、100多人受伤。

事故直接原因：

爆炸是由于非法储存在厂内的挥发性化学品和氯酸钾被引燃导致的。

事故暴露出以下问题：

（1）违法储存爆炸性化学品。该厂在没有许可证情况下，在厂内储存了10吨氯酸钾。

（2）将爆炸品与和硫、挥发性化学品等物质混存。

印度斯坦石油化工有限公司"9·14"储罐爆炸事故

1997年9月14日6时40分，距离维沙卡帕特南4千米的印度斯坦石油化工有限公司 HPCL 炼油厂，因为储罐腐蚀泄漏，引起着火爆炸，15分钟后另一个球罐爆炸，中午前全部贮罐着火（储罐充满几天前刚进口的原油)。此次事故共有 25 个储罐，19 座建筑物被烧毁，致使 60 多人丧生，造成 1.5 亿美元财产损失，威胁附近城市 200 万居民的安全。

事故直接原因：

事故发生时，在维沙卡帕特南港口有一艘船正通过管线向 HPCL 炼油厂的储罐卸液化石油气。在卸船过程中，靠近该炼油厂储罐一侧的管线检测到泄漏，但是没有及时采取正确的处理方法，很快形成蒸气云，随即着火。

事故暴露出以下问题：

（1）维修人员和主管缺乏责任心和相互联系且缺乏一般的安全意识。

（2）HPCL 炼油厂的房屋布置缺乏安全考虑，造成大批建筑被毁。

（3）没有应急响应计划。

西班牙圣卡洛斯德拉"7·11"丙烯槽车爆炸事故

1978 年 7 月 11 日 14 时 30 分，一辆液化丙烯槽车在西班牙圣卡路斯德拉发生爆炸，造成 215 人死亡、67 人受伤。

事故直接原因：

肇事槽车设计的最大运载量为19吨，但事故发生当天该槽车的丙烯运载量为23.5吨，超过了原始设计值，属于严重超装超载，故认定出事的第一可能原因为槽车运载超量的丙烯而导致槽体所承受的压力过大发生破裂引发爆炸。也有可能当槽车经过露营区时遭受轻微撞击或发生爆胎导致倾覆，引起燃烧而发生爆炸。

事故暴露出以下问题：

对丙烯槽车严重超载，有关部门监督不到位。

墨西哥液化石油气供应站"11·19"爆炸事故

1984年11月19日，位于墨西哥城近郊的国家石油公司所属的液化气供应中心站液化石油气储罐发生爆炸，事故造成542人死亡、7000多人受伤、35万人无家可归。爆炸引起的大火引燃了墨西哥石油公司供应中心站的54个液化石油气储罐，发生一连串爆炸，大火持续7个多小时才被扑灭，附近受损民房达1400余座。

事故直接原因：

储运站内部一条连接球形及卧式储罐的管线发

生龟裂，泄漏液化石油气并形成蒸气云滞留，由该厂内部的企业燃烧器引火，导致蒸气云爆炸并引起大火。

事故暴露出以下问题：

设备完好性管理存在缺陷。对液化烃设备与设施检查、维护不及，没有发现管线发生龟裂。

巴西国有石油公司"2·25"火灾事故

1984年2月25日，在巴西圣保罗市东南的库巴坦市内，国有石油公司所属的一条石油输送管线发生大火，导致89人死亡、2500人烧伤。

事故直接原因：

库巴坦市居民在该管线附近石油公司所属的沼泽地上违章建了许多房屋，由于石油管线破裂，导致大量石油溢出，遇明火发生火灾，造成多人死伤。

苏联乌德市"6·3"输油管泄漏液化石油气致客车脱轨事故

1989年6月3日，苏联巴什基尔自治共和国首都乌德市附近，从输油管泄漏的液化石油气（LPG）

发生爆炸，使通过附近的一列客车脱轨，并与对面另一辆客车相撞，造成600多人死亡、500多人受伤的特大事故。

事故直接原因：

输油管线破损，漏出的液体化石油气（LPG）充满现场附近丘陵之间的山谷。输油站管理人员已注意到气体压力下降，于是调节泵加压，结果导致更多的气体泄漏。这时，一列电力客车通过现场，客车导电产生的火花引发爆炸。

加纳"6·3"加油站爆炸事故

2015年6月3日，加纳首都阿克拉市中心一处加油站起火爆炸，造成200多人死亡。起火的加油站位于阿克拉最繁华的恩格鲁马转盘附近，处于低洼地带，周围有公共汽车站和集贸市场，人口密集。由于连降暴雨，积水很深，交通瘫痪，许多被困民众前往加油站躲雨休息。

事故直接原因：

大雨造成加油站内的柴油和汽油流向附近住宅，在附近停泊货车的地点遇上一处火源，最终引燃并导致加油站爆炸。

韩国幸福公司 ABS 树脂厂 "10·4" 火灾爆炸事故

1989年10月4日,韩国幸福公司在丽川的 ABS 树脂工厂发生火灾和爆炸事故,造成14人死亡、20多人受伤,直接经济损失约30亿韩元。

事故直接原因:

事故发生前数小时,从一挤出机上部覆盖的帆布处漏出大量粉末树脂。同时,粉末树脂进入该挤出机机罩和电加热器之间。粉末树脂与电加热器接触,经电加热器表面加热分解,产生可燃气体,产生的可燃性气体向一楼和二楼扩散,发生连续爆炸。

印度一石油化工厂 "11·6" 爆炸事故

1990年11月6日,位于印度孟买南160千米处的国营印度石油化学公司的马哈拉斯特拉邦工厂发生爆炸火灾事故,造成21人死亡,20人重伤。

事故直接原因:

向气体裂解综合设备输送乙烷和丙烷气体的配管泄漏,在气体精制、压缩设备中发生爆炸,并燃起大火。

印度马弗罗炼油厂"11·9"储罐区爆炸事故

1988年11月9日,印度孟买近郊的马弗罗炼油厂储罐区发生爆炸,事故造成22人死亡、12人重伤、15人轻伤,直接经济损失达1.4亿元。

事故直接原因:

储罐区石脑油管道破裂,造成石脑油大量泄漏并形成油气混合物,遇明火发生爆炸。爆炸使3座石脑油储罐、2座苯储罐及许多管道遭到破坏,爆炸冲击波波及5千米范围,形成的大火持续燃烧了28个小时。

法国布勒斯特港"7·28"硝酸铵货船爆炸事故

1947年7月28日,一艘载有硝酸铵,从美国开到法国布勒斯特港停靠的"利那尔基"号货船发生爆炸,事故造成100多人死亡,近千人受伤。

美国得克萨斯"4·16"硝酸铵货船爆炸事故

1947年4月16日,一艘从法国开来,并装有1万吨硝酸铵的货船在美国得克萨斯西基海湾上发生爆炸，火势蔓延引发一艘装载950吨硝酸铵化肥和2000吨硫黄的美国货船"哈佛里尔"号在停泊中于4月17日凌晨也发生爆炸。事故造成552人死亡、3000人受伤，半径1英里范围内的所有房屋被摧毁，损失达6700万美元。

事故直接原因：

一名船员无意间将一支未燃灭的烟蒂扔进船舱引起的。

比利时泰森德洛"4·29"硝酸铵爆炸事故

1942年4月29日，比利时泰森德洛发生硝酸铵爆炸事故，导致189人死亡、900人受伤。